陕西水权制度建设
实践与研究

刘永刚　主编

黄河水利出版社

·郑州·

内 容 提 要

本书在分析我国水权改革背景、工作进展、制度建设等基础上，系统梳理了陕西省在水权改革方面的实践与探索，介绍了陕西省水权制度的构建思路、重点内容及建设途径，以渭南市白水县、咸阳市三原县、榆林市榆阳区、延安市洛川县4个试点县(区)为例，介绍了水权确权登记过程、水权交易的典型案例、水权交易平台的建设，分析了水权改革面临的困难，并给出了相应的对策建议。

本书可供从事水资源管理的水行政主管部门人员、专业技术人员，以及关心水权水市场建设的科研人员、职业技术及高等院校相关师生参考使用。

图书在版编目(CIP)数据

陕西水权制度建设实践与研究/刘永刚主编. —郑州：
黄河水利出版社,2022.7
ISBN 978-7-5509-3336-1

Ⅰ.①陕…　Ⅱ.①刘…　Ⅲ.①水资源管理-研究-陕
西　Ⅳ.①TV213.4

中国版本图书馆 CIP 数据核字(2022)第 134245 号

组稿编辑：田丽萍　电话：0371-66025553　E-mail：912810592@qq.com

出 版 社：黄河水利出版社　　　　　　　　网址：www.yrcp.com
　　　　地址：河南省郑州市顺河路黄委会综合楼14层　邮政编码：450003
发行单位：黄河水利出版社
　　　　发行部电话：0371-66026940、66020550、66028024、66022620(传真)
　　　　E-mail：hhslcbs@126.com
承印单位：河南新华印刷集团有限公司
开本：890 mm×1 240 mm　1/32
印张：3.75
字数：110千字
版次：2022年7月第1版　　　　印次：2022年7月第1次印刷
定价：56.00元

《陕西水权制度建设实践与研究》
编委会

主　　编　刘永刚

副 主 编　杨建宏　龙正未

参编人员　杨　倩　郭碧莹　李　楠

张　博　薛亚莉　王　栋

刘利刚　武银萍　张　科

前　言

　　近年来,党中央、国务院对水权制度建设进行了系列部署。2014年3月,习近平总书记在听取水安全战略汇报时提出,要推动建立水权制度,明确水权归属,培育水权交易市场,但也要防止农业、生态和居民生活用水被挤占。2014年7月,水利部在宁夏等7个省(区)启动了全国水权试点工作,主要任务是探索水权确权的路径与方式方法、不同类型的水权交易和水权制度建设。2015年,中央一号文件明确提出建立健全水权制度,开展水权确权登记试点,探索多种形式的水权流转方式。2015年4月,《中共中央　国务院关于加快推进生态文明建设的意见》提出,要"加快水权交易试点,培育和规范水权市场"。

　　为了贯彻党中央、国务院关于建立完善水权制度、明确水权归属、推动水权交易的决策部署,加快陕西省水权制度改革,陕西省认真研究国家关于建立完善水权制度、明确水权归属、推行水权交易的相关意见精神,结合陕西省水资源情势和管理现状,于2017年1月印发了《陕西省水权改革试点方案》、《陕西省水权确权登记办法》和《陕西省水权交易管理办法》,并确定渭南市白水县、咸阳市三原县、榆林市榆阳区和延安市洛川县四县(区)先行先试。2017年6月,为了借鉴全国水权改革先进经验,陕西省水利厅委托水利部水资源管理中心开展技术服务工作,为陕西省水权试点做好顶层设计和技术指导。2018年10月,陕西省水利厅印发了《关于陕西省水资源使用权证格式的通知》,确定了水权试点地区水资源使用权证的格式。2019年10月,陕西省水利厅委托中国水权交易所对试点地区开展现场指导、技术评估和行政验收技术服务。同年11月,中国水权交易所组织在全国水权方面有成功经验的专家对4个试点县(区)进行了现场指导,认为渭南市白水县、咸阳市三原县和延安市洛川县具备验收条件。2020年10月26~31日,陕西省水利厅开展水权改革试点技术评估工作。2020年12月31日,陕西省水利厅印发《关于水权制度试点县(区)通过验收的通知》(陕水防函〔2020〕286号)。在水利部和中国水权交易所的指导下,经过地方政府和各级水利部门3年多的努力,4个县(区)完成了各项试点任务。经评估,同意咸阳市三原县、渭南市白水县、延安市洛川县、榆林市榆阳区通过水权试点验收。

感谢中国水权交易所、咸阳市水利局、渭南市水务局、延安市水务局、榆林市水利局、三原县水利局、白水县水务局、洛川县水务局、榆阳区水利局等多家单位在本书完成过程中给予的支持和帮助!

由于编者水平有限,书中难免存在疏漏和不足之处,敬请读者批评指正。

编 者

2022 年 3 月

目 录

第一章　陕西水权改革试点

第一节　研究背景与意义

一、水权改革背景

近年来,党中央、国务院对水权制度建设进行了系列部署。党的十八届三中全会提出:健全自然资源资产产权制度和用途管制制度,对水流、森林、山岭、草原、荒地、滩涂等自然生态空间进行统一确权登记,形成归属清晰、权责明确、监管有效的自然资源资产产权制度。2014年3月,习近平总书记在听取水安全战略汇报时提出要推动建立水权制度,明确水权归属,培育水权交易市场,但也要防止农业、生态和居民生活用水被挤占。2015年,中央一号文件明确提出建立健全水权制度,开展水权确权登记试点,探索多种形式的水权流转方式。2015年4月,《中共中央 国务院关于加快推进生态文明建设的意见》提出要"加快水权交易试点,培育和规范水权市场"。

2014年7月,水利部印发了《关于开展水权试点工作的通知》(水资源〔2014〕222号)提出,通过开展不同类型的试点,在水资源使用权确权登记、水权交易流转和相关制度建设方面率先取得突破,为全国层面推进水权制度建设提供经验借鉴和示范。2016年4月,水利部印发《水权交易管理暂行办法》(水政法〔2016〕156号)。2016年6月,《水利部关于加强水资源用途管制的指导意见》(水资源〔2016〕234号)提出,加强水资源用途管制工作,统筹协调好生活、生产、生态用水,充分发挥水资源的多重功能,使水资源按用途得到合理开发、高效利用和有效保护。

2014年7月,水利部在宁夏等7个省(区)启动了全国水权试点工作,主要任务是探索水权确权的路径与方式方法、不同类型的水权交易和水权制度建设。至2016年,各试点大胆探索实践,努力落实各项任务措施,试点工作取得了积极进展和初步经验。宁夏、江西、湖北重点探索了水权确权工作。其中,宁夏在分解区域用水总量控制指标的基础上,探索开展了工业、农业取用水户水资源使用权确权登记;江西在新干县、高安市、东乡县3个县,推进不同类型水资源使用权确权登记试点;湖北在宜都市,结合农村小型水利设施产权改革,开展农村集体经济组织的水塘和修建管理的水库中水资源使用权确权登记。内蒙古、河南、甘肃和广东探索开展了区域间、流域间、行业和用水户间以及流域上下游不同类型的水权交易。其中,内蒙古重点开展了巴彦淖尔与鄂尔多斯等盟(市)之间的水权交易;河南依托南水北调工程,开展了跨流域水量交易;甘肃在疏勒河流域开展了行业和用水户间水权交易;广东在东江流域开展了流域上下游水权交易。从总体上看,除个别试点明显滞后外,绝大部分试点都按照试点方案明确的时间节点要求,完成了相关任务。此外,水利部开展的80个农业水价综合改革试点,将水权工作作为水价改革的重要环节。河北、新疆、山东、山西、陕西、浙江、湖南、云南、重庆等部分省(市、区)开展了省级水权试点。

二、我国水权工作总体进展

(一)水权试点取得积极进展

2014年7月,水利部在宁夏等7个省(区)启动了全国水权试点工作,此外,河北、新疆、山东、山西、陕西、浙江等部分省(区)开展了省级水权试点。总体上看,各试点大胆探索、努力实践,试点工作取得了实质性进展。

(1)积极探索了不同类型的确权。试点地区以用水总量控制指标为依据,因地制宜,探索了不同类型的确权。宁夏将区域用水总量控制指标分解到各市、县,确认了区域取用水权益,开展了工业、农业取用水户水权确权,向乡(镇)农民用水协会和用水大户发放农业水权证353本,确权水量45.64亿m³,覆盖了4 293个灌区农业直开口;通过规范取水许可管理,向60家企业发放取水许可证,确权水量1.27亿m³。

江西在新干、高安、东乡3个试点县(市),对纳入取水许可管理的取用水户、灌区内用水户及农村集体经济组织水塘和水库中的水资源分类进行确权,共发放水权证400余本,确权水量0.74亿 m³。湖北宜都结合农村小型水利工程产权改革,对农村集体经济组织堰塘中的水资源进行确权,已建立了8 136口堰塘的基本信息电子档案,完善了计量设施,目前正在发放水权证。甘肃在疏勒河流域将用水总量控制指标细化到农业、工业等各用水行业,明确到地表和地下水源,将水权确权到农业用水户协会,其中发放农业地表水水权证221本,换发农业地下水取水许可证2 976本。河北在地下水超采综合治理试点地区,将地下水可开发利用量细化到灌区,确权到农户,1 033万户农民全部取得水权证。总体上看,试点地区主要从区域和取用水户两个层面开展了确权,探索了不同类型的确权方式。

(2)探索形成了多种行之有效的水权交易模式。一是跨区域水权交易。内蒙古鄂尔多斯市和巴彦淖尔市开展了跨盟(市)水权交易,巴彦淖尔市将农业灌区节约的水资源有偿转让给鄂尔多斯市的工业企业1.2亿 m³。二是跨流域水量交易。河南依托南水北调工程,组织平顶山与新密、南阳与新郑、南阳与登封之间开展了水量交易,交易水量3.24亿 m³。三是行业间和用水户间水权交易。宁夏中宁开展了结余农业水权向工业企业的有偿转让,交易水量33.45万 m³;惠农渠灌域开展了农民用水协会间的水权交易,已累计交易水量347万 m³。甘肃武威市凉州区开展了农户间水权交易,2016年交易水量603.9万 m³。四是流域上下游间的水权交易。广东东江流域上游惠州将结余的东江水有偿转让给下游的广州,年交易水量1.02亿 m³。五是政府回购(或收储)水权后向市场释放。新疆昌吉以不低于3倍的水价回购农户结余水量,再向市场配置,2016年向工业、城市转让水权3 424万 m³。

(二)积极开展了水权制度建设

水利部出台了《水权交易管理暂行办法》(水政法〔2016〕156号),明确了水权交易的类型、程序及有关要求;印发了《水利部关于加强水资源用途管制的指导意见》,明确水权交易要符合用途管制要求。各试点地区出台了一批制度、办法:宁夏、江西、山东均将水资源确权和交易纳入了水资源条例;广东以省政府规章形式出台了水权交易管理办法;内蒙古政府出台了闲置取用水指标处置办法、水权交易管理办法,盘活闲置水权指标,规范水权交易行为;河南围绕南水北调结余指标处置、水量交易价格确定、水权收储转让、交易风险防控等方面出台了一系列的制度、办法;河北出台了农业水权、工业水权交易办法;甘肃酒泉出台了疏勒河流域水权交易管理办法;湖北宜都制定了农村集体水权确权登记办法。这些制度、办法的出台,为水权试点工作提供了重要制度保障,也为推动全国水权工作提供了重要经验和借鉴。

(三)有序推进水权交易平台建设

2016年中国水权交易所正式成立,充分发挥了国家水权交易平台的引领和示范作用。开发运行了在线水权交易系统,实现了公开挂牌、单向竞价、成交公示等交易功能;与内蒙古、甘肃、宁夏、河南等地开展合作,利用已建系统,为地方搭建省级虚拟交易平台,有力支撑了水权试点工作。中国水权交易所成立6年多来,已促成2 500余单交易,交易水量8.76亿 m^3,交易金额21.1亿元。部分试点地区也搭建了地方水权收储和交易平台。交易平台的建立为水权交易搭建了载体,推动了水权交易的公开、规范、有序进行。

(四)夯实水权改革的基础工作

通过落实最严格水资源管理制度,实施水资源消耗总量和强度双控行动,推动夯实水权改革基础。一是区域取用水权益逐步明晰。建立了覆盖省、市、县三级行政区域的用水总量控制指标体系;加快推进江河流域水量分配,20条江河水量分配方案得到批复。二是水资源监控能力进一步加强。国家水资源信息管理系统基本建成并投入应用,中央、流域、省三级平台实现互联互通,建成1.5万个国控取用水监测点,实现对全国70%以上的许可水量在线监控。三是取水许可管理进一步规范。印发实施了《加强农业取水许可管理工作的通知》《关于做好取水许可和建设项目水资源论证报告书整合审批工作的通知》,建立了取水许可台账系统,实现了取水许可的动态监管;每年组织开展水资源管理专项监督检查,推动各级水行政主管部门提高规范化管理水平。

三、我国水权制度建设情况

(一) 什么是水权制度

党的十八届三中全会以来,中央多次对建立水权制度提出要求。习近平总书记明确指出:要推动建立水权制度,明确水权归属,培育水权交易市场,但也要防止农业、生态和居民生活用水被挤占。

水权制度是界定、配置、调整、保护和行使水权,明确政府部门、用水户之间权、责、利关系的规则,是从法制、体制、机制等方面对水权进行规范和保障的一系列制度的总称,主要由水资源所有权制度、水资源使用权制度、水权流转制度等组成。近年来,我国通过《中华人民共和国水法》《取水许可和水资源费征收管理条例》《水量分配暂行办法》《水权交易管理暂行办法》等法律法规,初步构建了水资源国家所有权、取水权、用水权的权利体系。

水权制度建设关键有两个问题,一是明确水权归属,二是开展水权交易。

明确水权归属,就是通过确权,依法确认单位或个人对水资源占有、使用和收益的权利的活动。在水资源宏观配置层面,主要是通过江河流域水量分配,确定各行政区域的水量分配份额,明确取用水总量和权益,其实就是合理分水;在水资源微观配置层面,主要是明确取用水户的水资源使用权,既包括对纳入取水许可管理的取用水户进行取水权确权,也包括对不需纳入取水许可管理的用水户,如对灌区等具有水资源配置属性的水利工程供水范围内的用水户进行用水权确权。

开展水权交易,就是在明确水权归属的基础上,利用市场机制实现水权在地区间、行业间、用水户间进行流转,促进水资源优化配置。

以上两个问题,明确水权归属更为紧要,既是建立水权制度的重要内容,也是开展水权交易的关键前提。

(二) 水权制度发展现状

1988 年国家制定的《中华人民共和国水法》,1993 年国务院颁布的《取水许可制度实施办法》,构成了规范取水人的权利和义务的法律基础。2000 年以来,我国在水权制度建设方面开始了积极探索,推进江河水量分配,组织开展水权试点,组建水权交易平台,培育水权交易市场,围绕明确水权归属、开展水权交易两大关键问题,初步建立了我国水权制度的框架体系。

(1)在明确水权归属方面,主要有如下3个层次。

一是明确区域的用水权益。开展江河流域水量分配,明确流域内各行政区的水量分配份额,通过水量分配方案予以确认。如黄河"八七"分水方案,明确了沿黄各省(区)以及天津、河北两省(市)可分配水量,实际上就是明确了相关省(区)在黄河流域的用水权益。

二是明确取水口的取水权。对利用取水工程或者设施直接从江河、湖泊或者地下取用水资源的单位和个人,依法实行取水许可管理,将本行政区域内的用水权益分解到取水口,通过发放取水许可证予以确认,明确取水权。

三是明确用水户的用水权。主要是指对公共供水管网内的用水户(如灌区内的灌溉用水户),以及受益于由农村集体经济组织管理的水塘、水库的用水户,一些地方通过发放用水权属凭证等形式,对用水户的用水份额进行确认。

(2)在开展水权交易方面,主要有如下3种类型。

一是区域水权交易。是指以县级以上地方人民政府或者其授权的部门、单位为主体,以用水总量控制指标和江河水量分配指标范围内结余水量为标的,在位于同一流域或者位于不同流域但具备调水条件的行政区域之间开展的水权交易。如目前对永定河进行生态补水,北京市购买山西省的引黄指标,实际上是一种区域水权的流转。

二是取水权交易。是指获得取水权的单位或者个人,通过调整产品和产业结构、改革工艺、节水等措施节约水资源的,向符合条件的单位或个人有偿转让相应取水权的交易。如内蒙古、宁夏开展了农业与工业之间的水权交易,通过实施引黄灌区节水工程建设,将农业节水量转让给工业作为新增取水指标。

三是灌溉用水户水权交易。是指已明确用水权益的灌溉用水户或用水组织之间的水权交易。如甘肃张掖的水票交易,农户用水时先交水票后放水,如果超额用水,需要从水票结余者手中购买;甘肃武威搭建水权交易平台,灌溉用水户可在平台上发布结余水量或缺水量信息;新疆昌吉农户将采用节水技术节约下来的水量进行交易。

总体上看,经过多年探索和实践,水权制度建设在明确权属方面取得了积极进展,在开展区域间、行业间、取用水户间的水权交易方面也取得了一些成效,满足了部分缺水地区新增用水的需求,促进了水资源优化配置,但在明确水权归属方面还远远不到位,水权制度建设总体上仍处于探索阶段。

(三) 水权制度建设面临的困难和问题

1. 水权归属不明晰

一是分水工作尚不到位。江河流域水量分配是明确水权归属的一项重要工作,合理分水本身就是对区域水资源使用权的确认。但目前不少跨省和省内跨市、县的江河的水量分配工作还没有完成,距离应分尽分的目标还有较大差距。对于分水工作没有完成的地区来说,水资源使用权的边界是不清晰的。二是水权的权属构成不明确。目前,我国宪法和法律有水流产权、水资源所有权、取水权三个概念,有关中央文件中又曾使用了水权、水流产权、水资源使用权、用水权、用水权初始分配等多个概念。有关方面对这些概念的认识和理解不尽一致,水权的权利义务内容尚不清晰,法律依据不充分,对明确水权归属、推进水权交易也形成了障碍。从部门职责划分看,自然资源部负责"自然资源统一确权登记工作",水利部负责"组织实施取水许可制度""指导水权制度建设",有一个协同配合的问题。

2. 水权交易不活跃

一是水权归属不明晰对水权交易形成最大制约。由于确权工作远没有到位,哪些水可以交易、交易的水权包括哪些权利和义务都不十分清楚,客观上造成了水市场难以充分发育,水权交易难以有效开展。二是市场机制作用发挥不充分。我国对水资源实行取水许可和有偿使用制度,水资源配置主要依靠行政手段。尽管一些地方在水权改革方面已经开展了积极探索,但水市场机制不健全,企业通过市场解决用水需求的意识不强,需要水的时候找市长而不是找市场的现象还很普遍。三是水资源监测计量能力薄弱。许多取水口底数不清、取用水监测计量基础薄弱,也对水权确权和确权后的交易形成了技术上的障碍。

(四)下一步水权制度建设的思路和重点

我们认为,进一步推进水权制度建设总的思路是:以习近平新时代中国特色社会主义思想为指导,按照"节水优先、空间均衡、系统治理、两手发力"的治水思路,立足我国基本国情水情,充分考虑水资源的稀缺性、流域性、不可替代性的特点,近期,以明确水权归属为关键,积极稳妥推进水权确权、水权交易、用途管制等工作,推动健全水权制度体系,促进水权归属清晰、流转顺畅、监管有效,促进水资源的节约保护、优化配置和高效利用。

(1)合理分水,进一步明确水权归属。

合理分水本质上就是确权。把明确水权归属作为当前水权制度建设最为紧要的事情,加快推进合理分水,建立水资源刚性约束指标体系,为开展水权交易、加强水资源用途管制奠定基础。一是加快推进江河流域水量分配。按照应分尽分的要求,在保障河湖生态水量的前提下,加快推进跨省和省内跨市、县的江河流域水量分配,对已完成水量分配的跨省江河,相关省(区)要抓紧将国家分配给本省(区)的水量份额分解到各相关市、县,为明确水权归属奠定基础。二是开展地下水管控指标确定。按照《地下水管控指标确定技术要求》,组织开展地下水取用水总量、水位等管控指标确定工作,为地下水管理保护和超采治理提供依据,为确定地下水资源的水权归属提供支撑。在合理分水的基础上,明确各行政区的地表水可用水量、地下水可用水量,进而通过取水许可管理,将可用水量进一步分解到各取水口,为水权确权和水权交易打下基础。

(2)因地制宜,鼓励探索开展水权交易。

在推进分水的过程中,鼓励在水资源权属相对比较清楚、具备条件的地方,进一步探索水权确权的途径和多种类型的水权交易,积极培育水权交易平台,促进水资源节约保护和优化配置。一是严格取用水监管,强化水资源的刚性约束作用,对水资源超载地区暂停新增取水许可,倒逼已超过或接近用水总量控制指标的地区通过水权交易满足新增用水需求,推动形成水权买方市场。二是畅通水权交易渠道,鼓励水资源短缺地区通过区域间、行业间、取用水户间多种形式的水权交易满足新增用水需求,引导有交易需求的潜在买方成为真正的市场主体。三是健全水权交易机制。适时建立节约水量评估认定机制、闲置水权认定和收储机制、水权交易价格形成机制等,盘活存量用水,促进水权流转。四是加强水资源用途管制,完善水资源使用权用途管制制度,保障农业、生态等公益性用水的基本需求。强化水权交易市场监管,使水权交易规范有序开展。

(3)夯实基础,为水权制度建设提供支撑。

一是进一步规范取用水管理。通过取用水管理专项整治,摸清取水口的数量、合规性和监测计量现状,依法整治存在的问题,加强取水口监管,明确各取水口取水权人的水权归属。二是推进水资源监测体系建设。加快水资源监测设施建设,完善监测站网布局,提升监测能力水平。强化取水单位和个人的计量设施安装主体责任,加强国家水资源监控平台应用,推动信息化与管理工作深度融合,为水权确权和交易提供保障。三是加强水权关键问题研究。继续组织技术支撑单位做好关键问题研究,如新的"三定"(定职能、定机构、定编制)方案职责下水权确权的内涵、途径和方式等,进一步破解制约水权制度建设的深层次问题。

第二节　陕西省水资源概况

一、陕西省水资源量和特点

陕西地跨黄河、长江两大流域,总面积 20.56 万 km^2,其中黄河流域 13.33 万 km^2,长江流域 7.23 万 km^2。全省多年平均自产水资源总量 423.3 亿 m^3,按流域分,黄河流域 116.6 亿 m^3,长江流域 306.7亿 m^3,分别占全省水资源总量的 27.5% 和 72.5%;按自然区分,陕北40.4 亿 m^3、关中 82.3 亿 m^3、陕南 300.6 亿 m^3,分别占全省水资源总量的 9.5%、19.4% 和 71.1%。

陕西是一个水资源分布和区域经济社会发展水平严重不协调的省

份,水资源呈现四大特点:一是总量严重不足。全省水资源总量 423.3
亿 m^3,居全国第 18 位,人均和耕地亩均水资源量仅为全国平均水平的
一半,属水资源短缺地区。尤其是渭河流域人均水资源量只有 317
m^3,远低于国际公认的人均 500 m^3 的绝对缺水线。二是区域分布不
均。关中、陕北两大区域,占全省 65% 的土地面积、76% 的人口、85% 的
经济总量,水资源总量不足全省的 30%,其人均水资源量分别为 348
m^3 和 723 m^3,低于国际公认的人均 1 000 m^3 的最低需求线,属典型的
资源型缺水地区。陕南地区占全省 10% 的经济总量,水资源总量超过
全省的 70%。三是年际变化大,年内分配不均,与需水要求极不匹配。
最大与最小年径流量之比为 2~23,且多集中在汛期;陕南 6~9 月的径
流量一般占全年的 60% 以上,关中和陕北 7~9 月径流量一般占全年的
70%。尤其是每年 3~5 月,正值作物生长的关键时期,经常是干旱少
雨,居民生活和工业用水更趋紧张;而汛期降水过于集中,容易造成洪
涝灾害。四是水资源开发利用潜力非常有限。全省水资源可利用量仅
有 76 亿 m^3,其中关中和陕北仅有 10 亿 m^3,陕南则有 66 亿 m^3。也就
是说,从资源的角度讲,今后黄河流域解决社会经济发展新增用水当地
已无潜力,只能依靠调引汉江水和黄河干流水。

二、水资源开发利用情况

陕西省现有各类工程的供水能力为 110 亿 m^3。其中蓄水工程
39 096 座,总容积 51.7 亿 m^3,设计供水能力 37.2 亿 m^3,现状供水能力
29.6 亿 m^3;引水工程 13 771 处,设计供水能力 41.2 亿 m^3,现状供水能
力 33.8 亿 m^3;抽水工程 11 981 处,设计供水能力 13.55 亿 m^3,现状供
水能力 8.88 亿 m^3;机电井工程共 169 209 眼,其中已配套 155 549 眼,
设计供水能力 41.7 亿 m^3,现状供水能力 37.8 亿 m^3。

全省现有各类污水处理厂 101 座,总处理能力 300.7 万 t/d,年处
理量 6.84 亿 m^3,年利用量 0.94 亿 m^3。共有集雨工程 35.4 万座,总容
积达 5 802 万 m^3,年利用量为 0.13 亿 m^3。再生水的利用潜力较大。

2020 年,全省各类供水工程总供水量 90.56 亿 m^3。其中地表水工
程供水量 55.7 亿 m^3,占总供水量的 61.49%;地下水工程供水量 30.92

亿 m³,占总供水量的 34.15%;其他水源供水量 3.95 亿 m³,占总供水量的 4.36%。在地表水供水量中,蓄、引、提工程及人工载运供水量分别为 23.64 亿 m³、23.59 亿 m³、8.46 亿 m³、0.001 6 亿 m³,分别占当年总供水量的 26.10%、26.05%、9.34%、0.001 8%。

全省各行业用水量 90.56 亿 m³。其中农灌用水量 45.12 亿 m³,占总用水量的 49.82%;林牧渔畜用水量 10.48 亿 m³,占总用水量的 11.58%;工业用水量 10.87 亿 m³,占总用水量的 12.00%;居民(包括城镇居民和农村居民)生活用水量 13.56 亿 m³,占总用水量的 14.97%;城镇公共(包括建筑业和服务业)用水量 5.33 亿 m³,占总用水量的 5.88%;生态环境用水量 5.20 亿 m³,占总用水量的 5.75%。

三、配置思路

在保障经济社会平稳较快发展和改善生态环境用水状况的前提下,在水资源可利用量范围内,充分挖掘现有水源工程的供水潜力,科学高效规划水资源配置工程,依据规划水平年水资源供需分析成果,按照"以供定需"、节约保护优先的思路,坚持高水高用、优先保障生活用水、合理安排生产用水和生态用水的原则,确定各流域和区域的水资源配置方案。

(一)关中地区

关中地区以引汉济渭和东庄水库工程为主脉,采用高水高用、西水东调、南水北调、黄河北干流水资源西调的布设格局构建关中供水网络,坚持地表水和地下水、区内开发与区外调水、开源与节流"三个并重"。在满足城镇和工业用水的同时,逐步退减各业挤占的农业和河道用水量,压缩超采的地下水水资源量,使区域地下水逐步达到采补平衡。

引汉济渭主要配置渭河沿线的城市和工业用水。黑河水库主要供给西安市。石头河水库在引汉济渭建成前,主要供给西安、咸阳、杨凌等城市用水;引汉济渭建成后,向西供给宝鸡市及周边工业区。宝鸡峡、冯家山、羊毛湾主要配置给渭河以北泾河以西地区农业和农村生活用水。桃曲坡水库主要解决铜川生活、生产和生态用水。黑河亭口水库主要供给彬长矿区生活、生产用水。东庄水库建成后,除保证泾惠渠等下游已成灌区灌溉用水外,可向西咸新区、铜川和富平的生活、生产供水。黄河古贤水库引水主要配给渭北泾东地区的生态农业和生态环境用水,兼顾受水区内生活、工业用水。

(二)陕北地区

陕北地区构建以引黄工程为架构的陕北供水网络,当地地表水资源在不影响农业生产及河道内基流的基础上和不减少入黄水量的前提下,以能源化工基地用水为重点进行合理配置。规划由延安引黄工程、榆林东线引黄工程及黄河古贤水库解决。

瑶镇水库主要配置给榆神煤化学工业区的锦界工业园区,采兔沟水库主要配置给榆神工业区的清水沟工业园区,李家梁水库、中营盘水库以及尤家峁水库等水源均在保证当地农业用水前提下以配置给榆林经济开发区为主。王圪堵水库除保证水库以下无定河川道灌溉用水和河道生态基流需水外,主要配置给榆横煤化工业区和靖边综合利用工业区。府谷优质岩溶水和第四系松散层孔隙水合理开发,作为神木和榆林的城市补充和备用水源。南沟门水库主要配置给延安能源基地,兼顾当地移民安置等少量农业用水。

(三)陕南地区

陕南地区注重水生态保护,在保证水源安全和稳定可靠的前提下,大中小微水源工程并举,考虑农灌、城镇生活、工业供水,兼顾防洪、养殖、旅游等综合效益。

第三节　陕西省水权改革试点背景情况

一、陕西省水权改革探索

陕西省开展水权改革工作,明确水权归属、推动水权交易,是建立健全水权制度的重要内容,是落实中央决策部署的重大举措。另外,水权改革也是保障陕西省经济社会发展的必然要求。陕西省水资源短缺、时空分布不均,黄河流域水资源供需矛盾突出,已成为制约经济社会可持续发展的瓶颈;长江流域水资源相对较丰,但用水效率较低,全省水资源配置体系仍需优化。开展水权改革工作,实施用水户水权确权登记,明确用户权益,通过水权交易,利用市场机制优化配置水资源,有助于破解水资源瓶颈、提高用水效率,进而推动全社会产业结构、生产方式和消费模式对水资源需求的转变,是保障陕西省经济社会可持续发展的必然要求。

为了贯彻党中央、国务院关于建立完善水权制度、明确水权归属、推动水权交易的决策部署,加快陕西省水权制度改革,陕西省认真研究国家关于建立完善水权制度、明确水权归属、推行水权交易的相关意见、精神,结合陕西省水资源情势和管理现状,于 2017 年 1 月印发了《陕西省水权改革试点方案》、《陕西省水权确权登记办法》和《陕西省水权交易管理办法》,并确定渭南市白水县、咸阳市三原县、榆林市榆阳区和延安市洛川县,4 县(区)先行先试。2017 年 6 月,为了借鉴全国水权改革的先进经验,陕西省水利厅委托水利部水资源管理中心开展技术服务工作,为陕西水权试点做好顶层设计和技术指导。2018 年 10 月,陕西省水利厅印发了《关于陕西省水资源使用权证格式的通知》,确定了水权试点地区水资源使用权证的格式。2019 年 10 月陕西省水利厅委托中国水权交易所对试点地区开展现场指导、技术评估和行政验收技术服务。同年 11 月,中国水权交易所组织在全国水权方面有成功经验的专家对 4 个试点县(区)进行了现场指导,认为渭南市白水县、咸阳市三原县和延安市洛川县具备验收条件,应及时按专家要求完善技术报告。2020 年 10 月 26~31 日,陕西省水利厅开展水权改革试点技术评估工作。2020 年 12 月 31 日,陕西省水利厅印发《关于水权制度试点县(区)通过验收的通知》(陕水防函〔2020〕286 号)。在水利部和中国水权交易所的指导下,经过地方政府和各级水利部门 3 年多的努力,4 个县(区)完成了各项试点任务。经评估,同意咸阳市三原县、渭南市白水县、延安市洛川县、榆林市榆阳区通过水权试点验收。

二、陕西省水权工作情况

(一)水权改革试点工作稳步推进

2016年以来,陕西省水利厅认真研究国家关于建立完善水权制度、明确水权归属、推行水权交易的相关意见、精神,充分借鉴试点省(区)的经验并分析改革实践可能遇到的有关情况和问题,以陕西省水资源情势和管理现状为基础,组织编制了《陕西省水权改革试点方案》《陕西省水权确权登记办法》和《陕西省水权交易管理办法》(简称"一方案两办法"),借鉴兄弟省份经验,征求各方意见后,于2017年1月经省水利厅厅务会议研究审定印发,并报省政府法制办备案实施。《陕西省水权改革试点方案》确定渭南市白水县、咸阳市三原县、榆林市榆阳区和延安市洛川县四县(区)为试点范围,试点期从2017年1月至2019年12月。利用3年时间在试点地区完成分类确权登记,建立相关制度、办法。在水权确权登记基础上,条件成熟的地区进一步探索开展多种形式的水权交易流转,逐步探索形成可推广、可复制的经验,适时在全省范围内实施。《陕西省水权确权登记办法》明确了水权确权登记的目的、原则、对象、组织审批形式和可分配水量的类型、计算方法及分配原则,规定农业按耕地面积以水权证的形式分水到农户,由县级水行政主管部门公示、登记后,县级人民政府发放水权证。其他用水户以取水许可方式进行确权登记。《陕西省水权交易管理办法》明确了水权交易的原则、对象、类型及区域水权交易的方式、交易价格的拟定原则,交易申请审批等。明确了政府部门回购水权的形式及配置原则,强调了交易各方建设计量监测设施的义务,划定了水行政主管部门及其他有关部门的监管责任。

水利厅"一方案两办法"印发后,及时召开试点座谈会,邀请中国水权交易所领导到会指导,筹集并下达试点经费,促进试点地区积极行动。2020年10月,4个试点地区实施方案已经陕西省水利厅审查,其中榆阳区试点方案由中国水权交易所提供技术支持和服务。

经过3年多努力,咸阳市三原县、渭南市白水县、延安市洛川县、榆林市榆阳区4个试点县(区)完成了水资源分配和确权登记工作,开发了水权确权登记数据库,搭建了水权交易平台,能够满足在线交易的需要。

咸阳市三原县以县域用水总量控制指标为刚性约束,分级分类分保证率,确权到行业到用水户。参照陕西省《行业用水定额》(DB61/T 943—2020),结合三原县的实际情况,因地制宜确定不同用水标准,保证各用水户分配的水量与实际用水现状、经济社会发展规划相一致。按照"政府引导、双方自愿、公平公正、规范有序"的原则,积极培育水权交易对象,引导开展水权交易。积极探索了农业向生态、农业向生活、农业向农业等不同类型水权交易模式和实施路径,为后续交易提供了示范和借鉴。交易试点实施解决了渭北"旱腰带"地区1.4万亩(1亩=1/15 hm²,全书同)抗旱灌溉水源问题,有效遏制了当地地下水资源过度开发的局面,有力地改善了河道水环境质量,产生了较为明显的社会效益和生态效益。

渭南市白水县在水权改革中一是严格权属管理,按照"多证合一、一户一证"的原则,从严核定许可水量,重新核发或换发取水许可证。二是采取灌溉面积和灌溉定额"双控制"合理确定农业水权额度。其中,以法定承包灌溉面积和用水源可以灌溉的面积作为开展水权确权的灌溉面积;以苹果为主,综合考虑其他灌溉作物类别、节水水平等因素,核定灌溉定额。三是将水权改革与节水型社会建设、最严格水资源管理制度落实紧密结合,发挥组合拳作用。

延安市洛川县在水权改革中一是初步建立了水权制度体系,为完善水权管理和开展水权交易提供了政策依据和基础条件。二是全县灌区从供水源头到农户田间地头全部安装了计量设施,农户田间全部实行了一园一表、精准计量,灌区自动化计量灌溉面积达到18.28万亩,占灌区确权面积的96.72%。建成高效节水示范片区,通过示范带动作用探索了一条适合洛川产业结构的节水新途径,实现从粗放式管理向高效节约利用转变。三是通过水权改革试点为水资源精细化管理奠定了良好基础。

榆林市榆阳区在水权改革中一是以矿井疏干水为重点,进一步摸清了全区水资源的家底。二是初步建立了水权制度体系,为完善水权管理和开展水权交易提供了政策依据和基础条件。三是厘清了水权收储转让的关键环节及实施步骤,出台了相关制度文件,为后续开展水权收储转让奠定了基础。四是借助水权试点,提高了计量设施安装率,推动了水资源的精细化、规范化管理。

(二)农业水价综合改革取得积极进展

按照"出台方案、夯实基础、政策配套、探索试点、稳妥推进"五原则,一是配合陕西省政府办公厅印发了《关于推进农业水价综合改革的实施意见》(陕政办发〔2017〕67号),明确提出用5年左右的时间完成农业水价综合改革任务,建立健全农业水价形成机制和财政资金精准补贴和节水奖励机制,夯实农业水价综合改革的基础工作。二是落实大型灌区高扬程抽水电费和末级渠系费用补贴1.2亿元,制止了末级渠系的乱加价、乱收费现象。三是完善了大型灌区供水计量设施。争取财政投资3 100万元,对7 323座斗渠量水设施和1.8万处田间分渠计量标尺进行了新建或维修改造,做到了大型灌区斗以下量水设施"双标尺、同计量、全覆盖"。四是出台了农业水价综合改革系列配套文件。印发了《关于扎实推进我省农业水价综合改革的通知》《陕西省大中型灌区农业供水价格管理办法》《陕西省大中型灌区农业水费收缴管理办法》《关于推进大型灌区水权改革工作的通知》《陕西省农业水价综合改革五年工作安排》《陕西省农业水价综合改革工作绩效评价办法》等配套文件,奠定了农业水价综合改革政策基础。五是按照"成本定价、用水户实际负担定价、维持现行终端水价"三种改革试点模式,选取东雷一黄、羊毛湾、宝鸡峡、交口、桃曲坡等5个灌区50万亩灌溉面积,进行农业水价综合改革试点,做到"水价定价明确、精准补贴落实、水权分配到户、计量设施完善、基层组织健全",按照灌季、年度分别进行小结和总结,探索适合陕西省可复制、易推广的农业水价综合改革模式,2018年起在全省大型灌区逐步推开。

(三)渭河水流产权确权试点工作顺利进行

渭河水流产权确权试点列入国家试点,我们全力推进。2017年1月14日陕西省政府成立了陕西省水流产权确权试点工作领导小组,联合编制《陕西省渭河水流产权确权试点实施方案》,于9月11日经过水利部、国土资源部和陕西省政府联合批复。进一步细化工作,对接国土厅,联系财政厅,审查了《陕西省渭河水域、岸线水生态空间确权登记实施方案》,落实工作经费,明确了试点任务分工。扎实做好确权试点的前期准备工作,完成了渭河生态区界线划定和插桩亮界工作,组织开展了试点范围内的摸底调查。选择杨凌示范区作为渭河水流产权确权试点工作省级示范点,为以点带面打好基础。组织召开了渭河水流产权确权试点工作会,印发《陕西省渭河生态区建设总体规划》,确定了渭河生态区范围西起渭河陕西与甘肃交界处,东至渭河潼关入黄口,横向边界沿渭河两岸堤防向外侧按城市核心区(建成区)200 m、城区段(规划区)1 000 m、农村段1 500 m作为渭河生态区控制范围,划定了河道保护区、堤防保护区、堤外一级保护区、堤外二级保护区的渭河生态区功能区划。依托国家渭河水域、岸线等水生态空间确权试点,同步开展入渭主要支流的水生态空间确权试点,参照《陕西省河道管理条例》,支流划界范围从两边河岸向外各延伸30~50 m以上。特别是在水灾害频发区、人口聚集区、城镇产业区,尽可能使岸线向后退,留足将来的生态空间。

(四)以引汉济渭工程建设为契机进行跨流域和区域水权制度探索

引汉济渭工程是国务院确定的172项重大水利工程之一,是陕西省全局性、战略性、基础性、公益性水资源配置工程。引汉济渭工程的建设,一方面缓解了关中地区生活和生产的供水压力,为关中城市群提供水资源保障;另一方面有效地增加了黄河流域的水资源总量,为黄河潼关以下河段增加了河道基流,也为置换黄河用水指标创造了条件。为了研究引汉济渭调入水量可置换黄河取水指标、水权置换的管理制度体系、具体实施方案等内容,我们委托技术单位开展了陕西省引汉济渭水权置换关键技术研究,邀请全国知名专家对成果进行了审查,认为课题研究方法得当,成果符合陕西黄河流域实际。研究成果为引汉济渭调水后置换黄河用水指标提供了技术支撑。

第二章 陕西水权制度的构建

第一节 基本思路

陕西省水资源短缺、时空分布不均,水资源供需矛盾突出是制约经济社会可持续发展的主要瓶颈。为贯彻落实党中央、国务院关于建立完善水权制度、明确水权归属、推行水权交易的决策部署,有序推进陕西省水权改革工作,促进水资源的节约、保护和优化配置,结合陕西省水资源情势和管理现状,制定了一系列水权制度文件。

一、总体思路

认真贯彻党的十八大,十八届三中、四中、五中、六中全会精神和"节水优先、空间均衡、系统治理、两手发力"的新时期治水思路,立足省情水情,统筹兼顾、因地制宜,试点先行、稳步推进,逐步实现归属清晰、权责明确、监管有效的水权制度,促进水资源的节约保护、优化配置和高效利用,支撑经济社会的可持续发展。

二、基本原则

节水优先,统筹配置。严格落实最严格水资源管理制度和水资源消耗总量及强度双控要求,统筹流域与区域、现状用水与发展用水关系,形成水资源优化配置格局。

政府主导,市场运作。发挥政府主导作用,加强监督管理和用途管制,防止生活、生态和农业用水被挤占。积极培育水市场,充分发挥市场在配置资源中的作用。

权责一致,分类实施。尊重历史、现状及未来合理需求,综合总量控制指标、行业用水定额等因素,分类进行确权登记。明确交易各方的权利和责任义务,确保公开、公平、公正。

积极稳妥,分步推进。充分学习和借鉴已有的实践经验,结合实际,开展多种类型的试点工作,取得经验后逐步推广,确保改革有序推进。

第二节　制度建设重点内容及措施

一、水资源使用权确权登记

水权确权是指科学合理地将县(市、区)域内可持续利用的水资源量分配给取用水户,对水资源使用权进行确权登记。

为了贯彻落实党中央、国务院关于建立完善水权制度、明确用水权归属、推动水权交易的决策部署,积极培育陕西省水权交易市场,运用市场机制优化配置水资源,促进全省水资源节约保护和高效利用,特制定《陕西省水权确权登记办法》。

(一)制定《陕西省水权确权登记办法》的必要性和重要性

近年来,党中央、国务院对水权制度建设进行了系列部署。党的十八届三中全会提出:健全自然资源资产产权制度和用途管制制度,对水流、森林、山岭、草原、荒地、滩涂等自然生态空间进行统一确权登记,形成归属清晰、权责明确、监管有效的自然资源资产产权制度。2014年3月,习近平总书记在听取水安全战略汇报时提出,要推动建立水权制度,明确水权归属,培育水权交易市场,但也要防止农业、生态和居民生活用水被挤占。2015年,中央一号文件明确提出建立健全水权制度,开展水权确权登记试点,探索多种形式的水权流转方式。2015年4月,《中共中央 国务院关于加快推进生态文明建设的意见》提出,要"加快水权交易试点,培育和规范水权市场"。陕西省开展水权改革工作,制定水权确权登记办法,是建立健全水权制度的重要内容,是落实中央、省决策部署的重要举措。

陕西省水资源短缺、时空分布不均,黄河流域水资源供需矛盾突出,已成为制约经济社会可持续发展的瓶颈;长江流域水资源相对较丰,但用水效率较低,全省水资源配置体系仍需优化。开展水权改革工作,实施用水户水权确权登记,明确用水户权益,进一步促进水权交易,利用市场机制优化配置水资源,有助于破解水资源瓶颈制约、提高用水效率,进而推动全社会产业结构、生产方式和消费模式对水资源需求的转变,是保障陕西省经济社会可持续发展的必然要求。

(二)需要说明的几个主要问题

《陕西省水权确权登记办法》共19条,主要明确了水权确权登记的目的、原则、对象、组织审批形式;可分配水量的类型、计算方法及分配原则;水权确权登记的形式,农业按耕地面积以水权证分水到农户,由县级水行政主管部门公示、登记后,县级人民政府发放水权证,其他用水户以取水许可方式进行确权登记;对不遵守水权限制要求擅自涂改、伪造水权证等行为,明确了管理要求。

(1)《陕西省水权确权登记办法》是依据国务院《关于实行最严格水资源管理制度的意见》和水利部《水权交易管理暂行办法》等现行的制度、办法制定的,和现行法律、法规、制度、办法的关系一脉相承,同时按照《陕西省水权改革试点方案》,结合陕西省实际进行了细化完善。

(2)《陕西省水权确权登记办法》第二条明确本办法适用范围为陕西省行政区域。

(3)《陕西省水权确权登记办法》第四条明确开展水权确权工作的原则:政府主导、公众参与、红线控制、留有余地、公开公正、分类实施、积极稳妥。

第五条提出"县级水行政主管部门负责组织编制水权确权登记实施方案,经市级水行政主管部门审核后由县级政府批准实施,并报省级水行政主管部门备案",明确了水权确权登记工作的流程,确保该工作的顺利开展。

第六条至第十二条,明确了县域可分配水量的内涵、水量分配原则、不同行业用水量确定方法以及确权形式。

第十三条至第十五条,明确了水权证的公示、登记及发放的主体、水权证的内容(最大用水量、水源类型、取水地点、取水方式、有效期等)及变更办法。

第十六条,对违反本办法的行为提出相应的管理规定。

(三)《陕西省水权确权登记办法》起草过程

在认真研究国家关于建立完善水权制度、明确水权归属、推行水权交易的相关文件精神基础上,2016年年初,陕西省水利厅启动水权确权登记办法制定工作。充分进行实地调研并座谈讨论,广泛听取基层取用水户、管理单位的意见和建议,研究分析陕西省开展水权确权登记存在的突出问题,明确了《陕西省水权确权登记办法》的主要内容。2016年中期,《陕西省水权确权登记办法》编制组赴河北省等全国水权改革试点省份调研,学习借鉴试点省、市、县的经验,结合国家最严格水资源管理的新要求,起草形成《陕西省水权确权登记办法》(初稿)。主管厅领导多次主持召开会议,邀请水利部发展研究中心和省内有关专家咨询把关,征求市区水行政主管部门和厅直有关处室单位的意见和建议,并由市区结合工作实际选择推荐了水权改革试点县(区)。编制组系统梳理意见、建议,对《陕西省水权确权登记办法》进行反复修改完善。2016年12月,邀请相关单位领导和专家召开了《陕西省水权确权登记办法(送审稿)》备案审查会,邀请了陕西省政府法制办备案处领导莅临指导会议,会议经过充分、深入讨论,逐条进行了修改完善,并讨论通过,形成了《陕西省水权确权登记办法》。

综上所述,《陕西省水权确权登记办法》的依据充分,和现行法律、法规、制度、办法不相抵触,一脉相承,是陕西省深化水利改革工作的实际需要,具有十分重大的现实意义。

(四)水资源确权登记主要内容

调查现状供用水情况。在确权登记前要对区域现状供用水情况、取用水户情况进行详细调查。对农业用水,调查取水许可管理情况、灌溉面积、用水定额标准、现状用水量、可供水量、农民用水合作组织情况等;对工业用水,调查产品类型、产量、取水许可水量和实际用水量、取用水计量设施、水资源费征收情况等;对公共供水单位,调查供水范围、供水人口、用水大户(如使用自来水的工业企业)情况;对农村集体经济组织使用自有水塘和修建管理水库的,要调查水塘水库的四至边界、工程产权、管理主体、来水情况、用水户及用水量情况等。

形成水资源分水源及行业配置。以区域、流域用水总量控制指标为依据,细化开展主要江河水量分配,将区域用水总量控制指标细化到各河段、水库和地下水等各种水源;综合考虑经济社会发展和产业布局,将各水源的水量明确到农业、工业、生活、生态等各用水行业,形成水源配置与行业用水配置的区域水资源优化配置格局,以此作为水权确权的基本依据。

开展水权确权。对取用水户确权,并发放水权权属凭证。对纳入取水许可管理的取用水户,通过规范取水许可管理和完善取水许可制度进行确权。对灌区内用水户,通过水量分配工作进行确权,向确权对象发放权属凭证,并予以登记。对农村集体经济组织及其成员的确权登记,要充分尊重群众意愿。农村集体经济组织的水塘和修建管理水库中的用水权一般确权到农村集体经济组织,有条件的地区,结合小型水利工程产权制度的改革,将水塘和水库中的用水权进一步确权到农户。

严格水资源用途管制。确权登记后要加强水资源用途管制。水权权属凭证必须载明水资源的具体用途,权利人应当按照规定的用途取用水,未经批准不得擅自改变用途。确需改变用途的,必须严格论证,确保城乡居民生活用水、基本生态需水和合理农业用水不被挤占。

二、水权交易流转

水权交易流转是指在合理界定和分配水资源使用权基础上,通过市场机制实现水资源使用权在地区间、流域间、流域上下游、行业间、用水户间流转的行为。

为在陕西省范围内培育水权交易市场,规范水权交易行为,利用市场手段促进全省水资源节约保护、优化配置和高效利用,特制定《陕西省水权交易管理办法》。

(一)制定《陕西省水权交易管理办法》的必要性和重要性

近年来,党中央、国务院对水权制度建设进行了系列部署。党的十八届三中全会提出:健全自然资源资产产权制度和用途管制制度,对水流、森林、山岭、草原、荒地、滩涂等自然生态空间进行统一确权登记,形成归属清晰、权责明确、监管有效的自然资源资产产权制度。2014 年 3

月,习近平总书记在听取水安全战略汇报时提出,要推动建立水权制度,明确水权归属,培育水权交易市场,但也要防止农业、生态和居民生活用水被挤占。2015 年,中央一号文件明确提出建立健全水权制度,开展水权确权登记试点,探索多种形式的水权流转方式。2015 年 4 月,《中共中央 国务院关于加快推进生态文明建设的意见》提出,要"加快水权交易试点,培育和规范水权市场"。陕西省开展水权改革工作,制定水权交易管理办法,是建立健全水权制度的重要内容,是落实中央、省决策部署的重要举措。

陕西省水资源短缺、时空分布不均,黄河流域水资源供需矛盾突出,已成为制约经济社会可持续发展的瓶颈;长江流域水资源相对较丰,但用水效率较低,全省水资源配置体系仍需优化。开展水权改革工作,实施用水户水权确权登记,明确用水户权益,进一步促进水权交易,利用市场机制优化配置水资源,有助于破解水资源瓶颈制约、提高用水效率,进而推动全社会产业结构、生产方式和消费模式对水资源需求的转变,是保障陕西省经济社会可持续发展的必然要求。

(二) 需要说明的几个主要问题

《陕西省水权交易管理办法》共 29 条,主要明确了水权交易的目的、原则、对象、类型、监督管理部门;区域水权交易的方式、交易价格的拟定原则、交易水量与区域用水总量控制指标的关系;取水权交易的用户、申请材料内容、审批机关、审批时限,明确了交易双方签订协议的主要内容,对于交易期限与取水许可有矛盾的地方,提出了解决方法,明确了政府部门回购水权的形式及配置原则;明确了不同期限农业用水权交易的方式,以及农业用水权回购主体和配置方向;明确了交易各方建设计量监测设施、完善计量监测措施的职责,划定了水行政主管部门及其他有关部门的监管责任。

(1)《陕西省水权交易管理办法》是依据国务院《关于实行最严格水资源管理制度的意见》和水利部《水权交易管理暂行办法》等现行的制度、办法制定的,和现行法律、法规、制度、办法的关系一脉相承,同时按照《陕西省水权改革试点方案》,结合陕西省实际进行了细化完善。

(2)《陕西省水权交易管理办法》第二条明确本办法适用范围为陕

西省行政区域。

（3）《陕西省水权交易管理办法》第四条明确开展水权交易的原则：政府引导、双方自愿、信息公开、公平公正、规范有序。

第五条明确水权交易的形式，主要包括：区域水权交易、取水权交易、农业用水户水权交易。

第六条至第八条，明确水权交易的监管部门、开展水权交易应具备的条件及水权交易平台。

第九条至第二十四条，详细阐述了开展区域水权交易、取水权交易、农业用水户水权交易三种类型水权交易的交易主体、交易期限、交易定价、交易程序、取水权回购等内容。

第二十五条至第二十八条，明确了交易各方建设计量监测设施、完善计量监测措施的职责，划定了水行政主管部门及其他有关部门的监管责任。

（三）《陕西省水权交易管理办法》起草过程

在认真研究国家关于建立完善水权制度、明确水权归属、推行水权交易的相关文件精神基础上，2016年年初，陕西省水利厅启动水权交易管理办法制定工作。充分进行实地调研并座谈讨论，广泛听取基层取用水户、管理单位的意见和建议，研究分析陕西省开展水权交易的条件以及可能遇到的问题，明确了《陕西省水权交易管理办法》的主要内容。2016年中期，《陕西省水权交易管理办法》编制组赴河北省等全国水权改革试点省份调研，学习借鉴试点省、市、县的经验，结合国家最严格水资源管理的新要求，起草形成《陕西省水权交易管理办法》（初稿）。主管厅领导多次主持召开会议，邀请水利部发展研究中心和省内有关专家咨询把关，征求市区水行政主管部门和厅直有关处室单位的意见和建议，并由市区结合工作实际选择推荐了水权改革试点县（区）。编制组系统梳理意见、建议，对《陕西省水权交易管理办法》进行反复修改完善。2016年12月，邀请相关单位领导和专家召开了《陕西省水权交易管理办法（送审稿）》备案审查会，邀请了陕西省政府法制办备案处领导莅临指导会议，会议经过充分、深入讨论，逐条进行了修改完善，并讨论通过，形成了《陕西省水权交易管理办法》。

综上所述,《陕西省水权交易管理办法》的依据充分,和现行法律、法规、制度、办法不相抵触,一脉相承,是陕西省深化水利改革工作的实际需要,具有十分重大的现实意义。

(四)《陕西省水权交易管理办法》主要内容

因地制宜,在合理界定和分配水资源使用权基础上,通过市场机制实现水资源使用权在地区间、流域间、流域上下游、行业间、用水户间的流转。运用市场机制,通过各方平等协商合理确定水权转让费;依据取水许可管理有关规定及水资源配置要求,综合考虑与水权转让相关的水工程使用年限和需水项目使用年限,合理确定水权转让期限。依托国家水权交易平台和各级公共资源交易平台,实现水权的交易流转。依照水利部划分的区域水权交易、取水权交易和灌溉用水户水权交易等三种形式,实现水资源使用权在转让方和受让方之间流转。

三、水权制度建设

研究出台水资源使用权确权登记和水权交易流转等方面的制度、办法,明确确权登记的方式方法、规则和流程,建立水权交易流转的价格形成机制、交易程序、交易规则,明确确权登记与交易流转的监管主体、对象与监管内容等,保障水权改革工作健康有序进行。

(一)《陕西省水权改革试点方案》主要内容

陕西省水利厅于 2017 年 1 月 12 日印发了《陕西省水权改革试点方案》,主要分为四个部分:

(1)总体思路与主要目标。认真贯彻党的十八大,十八届三中、四中、五中、六中全会精神和"节水优先、空间均衡、系统治理、两手发力"的新时期治水思路,按照节水优先、统筹配置,政府主导、市场运作,权责一致、分类实施,积极稳妥、分步推进的原则,利用 3 年时间,在试点地区完成分类确权登记,建立相关制度、办法。在水权确权登记基础上,进一步探索开展多种形式的水权交易流转,逐步探索形成可推广、可复制的经验,适时在全省范围内实施。

(2)主要任务与工作内容。在综合考虑水权试点的代表性、地方积极性和工作基础等情况下,确定渭南市白水县、咸阳市三原县、榆林市榆阳区和延安市洛川县四县(区)以及陕西省农业水价综合改革试点地区为试点范围。试点期从 2017 年 1 月至 2019 年 12 月。试点任务分为三项:一是开展水资源使用权确权登记;二是开展水权交易流转;三是开展水权制度建设。

(3)实施步骤。分为四步:一是准备阶段,审定下发《陕西省水权改革试点方案》《陕西省水权确权登记办法》《陕西省水权交易管理办法》,部署试点工作。二是实施阶段,试点县(区)编制试点方案,并由当地政府批复后,组织实施。三是评估验收阶段。四是总结推广阶段。

(4)保障措施。从加强领导、落实责任,部门联动、合力推进,计量监控、信息公开,落实经费、保障实施,广泛动员、宣传引导等方面提出具体保障措施。

《陕西省水权改革试点方案》全文如下:

陕西省水权改革试点方案

我省水资源短缺、时空分布不均,水资源供需矛盾突出是制约经济社会可持续发展的主要瓶颈。为贯彻落实党中央、国务院关于建立完善水权制度、明确水权归属、推行水权交易的决策部署,有序推进我省水权改革工作,促进水资源的节约、保护和优化配置,结合我省实际,制订本方案。

一、总体思路与主要目标

(一)总体思路

认真贯彻党的十八大,十八届三中、四中、五中、六中全会精神和"节水优先、空间均衡、系统治理、两手发力"的新时期治水思路,立足省情水情,统筹兼顾、因地制宜,试点先行、稳步推进,逐步实现归属清晰、权责明确、监管有效的水权制度,促进水资源的节约保护、优化配置和高效利用,支撑经济社会的可持续发展。

(二)基本原则

节水优先,统筹配置。严格落实最严格水资源管理制度和水资源消耗总量和强度双控要求,统筹流域与区域、现状用水与发展用水关系,形成水资源优化配置格局。

政府主导,市场运作。发挥政府主导作用,加强监督管理和用途管制,防止生活、生态和农业用水被挤占。积极培育水市场,充分发挥市场在配置资源中的作用。

权责一致,分类实施。尊重历史、现状及未来合理需求,综合总量控制指标、行业用水定额等因素,分类进行确权登记。明确交易各方的权利和责任义务,确保公开、公平、公正。

积极稳妥,分步推进。充分学习和借鉴已有实践经验,结合实际,开展多种类型的试点工作,取得经验后逐步推广,确保改革有序推进。

(三)工作目标

利用3年时间,在试点地区完成分类确权登记,建立相关制度办法。在形成归属清晰、权责明确、监管有效的水权确权登记基础上,条件成熟的地区进一步探索开展多种形式的水权交易流转,建立健全相关程序和规则。逐步探索形成可推广、可复制的经验,适时在全省范围内实施。

二、主要任务与工作内容

(一)试点范围及试点期

综合考虑水权试点的代表性、地方积极性和工作基础等,确定渭南市白水县、咸阳市三原县、榆林市榆阳区和延安市洛川县四县(区)及我省农业水价综合改革试点地区为试点范围。

试点期:2017年1月至2019年12月。

(二)试点任务及工作内容

(1)开展水资源使用权确权登记。

调查现状供用水情况。在确权登记前要对区域现状供用水情况、取用水户情况进行详细调查。对农业用水,调查取水许可管理情况、灌溉面积、用水定额标准、现状用水量、可供水量、农民用水合作组织情况等;对工业用水,调查产品类型、产量、取水许可水量和实际用水量、取用水计量设施、水资源费征收情况等;对公共供水单位,调查供水范围、供水人口、用水大户(如使用自来水的工业企业)情况;对农村集体经济组织使用自有水塘和修建管理水库的,要调查水塘水库的四至边界、工程产权、管理主体、来水情况、用水户及用水量情况等。

　　形成水资源分水源及行业配置。以区域、流域用水总量控制指标为依据，细化开展主要江河水量分配，将区域用水总量控制指标细化到各河段、水库和地下水等各种水源；综合考虑经济社会发展和产业布局，将各水源的水量明确到农业、工业、生活、生态等各用水行业，形成水源配置与行业用水配置的区域水资源优化配置格局，以此作为水权确权的基本依据。

　　开展水权确权。对取用水户确权，并发放水权权属凭证。对纳入取水许可管理的取用水户，通过规范取水许可管理和完善取水许可制度进行确权。对灌区内用水户，通过水量分配工作进行确权，向确权对象发放权属凭证，并予以登记。对农村集体经济组织及其成员的确权登记，要充分尊重群众意愿。农村集体经济组织的水塘和修建管理水库中的用水权一般确权到农村集体经济组织，有条件的地区，结合小型水利工程产权制度改革，将水塘和水库中的用水权进一步确权到农户。

　　严格水资源用途管制。确权登记后要加强水资源用途管制。水权权属凭证必须载明水资源的具体用途，权利人应当按照规定的用途取用水，未经批准不得擅自改变用途。确需改变用途的，必须严格论证，确保城乡居民生活用水、基本生态需水和合理农业用水不被挤占。

　　(2)开展水权交易流转。

　　因地制宜，在合理界定和分配水资源使用权基础上，通过市场机制实现水资源使用权在地区间、流域间、流域上下游、行业间、用水户间的流转。运用市场机制，通过各方平等协商合理确定水权转让费；依据取水许可管理有关规定及水资源配置要求，综合考虑与水权转让相关的水工程使用年限和需水项目使用年限，合理确定水权转让期限。依托国家水权交易平台和各级公共资源交易平台，实现水权的交易流转。依照水利部划分的区域水权交易、取水权交易和灌溉用水户水权交易等三种形式，实现水资源使用权在转让方和受让方之间的流转。

　　(3)开展水权制度建设。

　　研究出台水资源使用权确权登记和水权交易流转等方面的制度办法，明确确权登记的方式方法、规则和流程，建立水权交易流转的价格形成机制、交易程序、交易规则，明确确权登记与交易流转的监管主体、对象与监管内容等,保障水权改革工作健康有序进行。

三、实施步骤

(一)准备阶段(2017年1~3月)

制定下发《陕西省水权改革试点方案》、《陕西省水权确权登记办法》和《陕西省水权交易管理办法》,部署试点工作。

(二)实施阶段(2017年4月至2019年2月)

(1)2017年4~7月,编制试点方案。

试点地区按照试点总体要求、试点任务和内容,抓紧组织编制本地区水权试点方案,于2017年6月底前报我厅审查。试点方案应包括试点预期目标、总体思路、工作内容、主要措施、实施步骤、组织实施、责任分工等,要紧密结合实际,突出针对性和可操作性。

(2)2017年8~9月,试点方案审批。

试点方案经水利厅审查后,由试点县区人民政府批复执行。

(3)2017年10月至2019年2月,组织实施完成水权确权登记。适时通过不同形式的水权交易流转优化配置水资源。

(三)评估验收阶段(2019年3~5月)

各试点地区在自评估的基础上报请省水利厅组织进行水权确权登记和水权交易评估验收。

(四)总结推广阶段(2019年6~12月)

全面总结试点地区经验,完善省级水权改革政策,适时启动全省水权制度改革工作。

四、保障措施

(一)加强领导,落实责任

省水利厅牵头负责指导、协调《陕西省水权改革试点方案》的实施。各相关市水行政主管部门要做好协调、督察落实工作。试点县(区)政府是本地区水权改革工作的责任主体,要将经济社会发展与水资源承载能力相结合,全面部署水权改革工作,各试点县(区)政府负责试点方案的落实,列入政府重要议事日常加快推进。

(二)部门联动,合力推进

试点地区要建立政府主导、部门联动、政企协作、公众参与的水权改革工作新机制。各试点县(区)政府、各有关部门和取用水户要按照试点县(区)水权改革实施方案明确的任务分工,各负其责、通力协作,扎实稳步推进。

(三)计量监控,信息公开

水资源计量监控是水权确权登记及后续监管的基础。凡进行确权登记的取用水户,必须同步配备相应的监控计量设施,确保水权可监管。同时建设省、市、县三级互联互通的用水权确权登记数据库,整合各级水源及用水信息,实现三级数据实时共享。

(四)落实经费,保障实施

为确保水权改革工作顺利实施,试点市、县(区)要落实配套资金,用于制定水权改革实施方案、健全监控计量系统、确权登记、水权交易信息系统建设、水权交易制度建设等方面。

(五)广泛动员,宣传引导

充分利用电视、广播、网络、报刊等媒体,以多种方式和途径加大水权改革宣传力度,提高全社会对水权工作的认知度和关注度。积极引导取用水户和广大群众参与到水权改革工作中来,努力营造全社会支持水权改革工作的良好氛围。

(二)《陕西省水权确权登记办法》的主要内容

《陕西省水权确权登记办法》共19条,主要内容包括总则、可分配水量的确定、水权确权与登记发证、水权证管理、附则等。

主要明确了以下问题:一是确定了水权确权登记的目的、原则、对象、组织审批形式。二是确定了可分配水量的类型、计算方法及分配原则。三是确定了水权确权登记的形式,农业按耕地面积以水权证分水到农户,由县级水行政主管部门公示、登记后,县级人民政府发放水权证。

陕西省水权确权登记办法

第一条　为了建立水权交易制度,培育水权交易市场,运用市场机制优化配置水资源,促进水资源节约保护和高效利用,根据国务院《关于实行最严格水资源管理制度的意见》和水利部《水权交易管理暂行办法》等,结合我省实际,制定本办法。

第二条 在本省行政区域内从事水权确权登记工作,适用本办法。

第三条 本办法所称水权确权是指科学合理地将县(市、区)域内可持续利用的水资源量分配给取用水户,对水资源使用权进行确权登记。

第四条 水权确权按照政府主导、公众参与、红线控制、留有余地、公开公正、分类实施、积极稳妥的原则进行。

第五条 县级水行政主管部门负责组织编制水权确权登记实施方案,经市级水行政主管部门审核后由县级政府批准实施,并报省级水行政主管部门备案。

第六条 县域可分配水量,包括浅层地下水可开采量、地表水可利用量及外调水量,不得超过"三条红线"用水总量控制指标。

地下水取水量核定到机井计量口,地表水取水量核定到扬水点或斗渠计量口,外调水取水量核定到分水计量口。

第七条 水量分配遵循生活用水优先、统筹生产和生态用水的原则。

第八条 生活用水量,根据区域用水人口和用水定额进行核定。

第九条 农业用水量,根据不同频率的典型年份来水状况、近三年耕地灌溉面积、灌溉水量、灌溉定额、灌溉水利用系数、作物种植结构等核定。

第十条 工业用水量,根据设计产能、用水定额、水平衡测试成果及近三年实际用水量等核定。

第十一条 生态环境用水量,根据环境卫生、市政绿化、生态景观等近三年平均用水量及用水定额核定。

第十二条 生活、工业、生态环境用水以取水许可的形式对各用水户进行确权登记。农业用水根据耕地面积,按以地定水、水随地走、分水到户对用水户进行确权登记,核发水权证。

第十三条 农业用水户水权由县级水行政主管部门公示、登记后,县级人民政府发放水权证。水权证由县级水行政主管部门进行电子登记。

第十四条　水权证应载明用水户的最大用水量、水源类型、取水地点、取水方式、有效期等。水权证有效期一般为三年。

第十五条　确定水权的耕地面积或耕地经营权发生改变时,水权证持有人应及时到发证机关办理变更手续。

第十六条　对于拒不执行审批机关作出的水权指标限制决定的或擅自伪造、涂改水权证的相关信息的,由有管辖权的县级水行政主管部门责令当事人改正;拒不改正的,注销水权证。

第十七条　水权证应妥善保管,丢失或损毁应及时补办。

第十八条　水权证由省水行政主管部门统一规定格式。

第十九条　本办法自 2017 年 1 月 12 日起施行。

(三)《陕西省水权交易管理办法》主要内容

《陕西省水权交易管理办法》共 29 条,主要内容包括总则、区域水权交易、取水权交易、农业水权交易、监督管理、附则等。

主要明确了以下问题:一是确定了水权交易的目的、原则、对象、类型、监督管理部门。二是明确了区域水权交易的方式、交易价格的拟定原则、交易水量与区域用水总量控制指标的关系。三是确定了取水权交易的用户、申请材料内容、审批机关、审批时限,明确了交易双方签订协议的主要内容。对于交易期限与取水许可有矛盾的地方,提出了解决方法。明确了政府部门回购水权的形式及配置原则。四是明确了不同期限农业用水权交易的方式,以及农业用水权回购主体和配置方向。五是明确了交易各方建设计量监测设施、完善计量监测措施的职责,划定了水行政主管部门及其他有关部门的监管责任。

《陕西省水权交易管理办法》全文如下:

陕西省水权交易管理办法

第一条　为培育水权交易市场,规范水权交易行为,利用市场手段促进水资源节约保护、优化配置和高效利用,根据水利部《水权交易管理暂行办法》,结合我省实际,制定本办法。

第二条　在本省行政区域内从事水权交易行为,适用本办法。

第三条　本办法所称水权交易,是指在合理界定和分配水资源使用权基础上,通过市场机制实现水资源使用权在地区间、流域间、流域上下游、行业间、用水户间流转的行为。

第四条　水权交易遵循政府引导、双方自愿、信息公开、公平公正、规范有序的原则,不得损害第三方的合法权益。

第五条　按照确权类型、交易主体和范围划分,水权交易主要包括以下形式:

(一)区域水权交易:以县级以上地方人民政府为主体,以用水总量控制指标和江河水量分配指标范围内结余水量为标的,在位于同一流域或者位于不同流域但具备调水条件的行政区域之间开展的水权交易。

(二)取水权交易:获得取水权的取水户(除城镇公共供水企业外的工业、农业、服务业取水权人),通过调整产品和产业结构、改革工艺、节水等措施节约水资源的,在取水许可有效期和取水限额内向符合条件的取水户有偿转让相应取水权的水权交易。

(三)农业用水户水权交易:已明确用水权益的农业用水户之间的水权交易。

通过交易转让水权的一方称转让方,取得水权的一方称受让方。

第六条　县级以上水行政主管部门负责本行政区域内水权交易的监督管理。

第七条　用以交易的水权应当是已经通过水量分配方案、取水许可、农业用水户水权确权登记的用水总量控制指标、取水权和农业用水权,并具备相应的工程条件和计量监测能力。

第八条　水权交易一般应当通过省级公共资源平台或国家水权交易平台进行,也可以在转让方与受让方之间直接进行。区域水权交易应当通过水权交易平台进行。

第九条　市级行政区域内县(区)之间的水权交易,应在市级水行政主管部门的监督指导下进行。

跨市级行政区的县(区)之间的水权交易,应在省级水行政主管部门的监督指导下进行。

第十条　区域间水权交易,应当通过交易平台公告其转让、受让意向,寻求确定交易对象,明确交易水量、交易期限、交易价格等事项。

第十一条　交易各方一般应当以交易平台或者其他具备相应能力的机构评估价为基准价格,进行协商定价或者竞价;也可以直接协商定价。

交易价格根据补偿节约水资源成本、合理收益的原则,综合考虑节水投资、计量监测设施费用等因素确定。

第十二条　转让方与受让方达成协议后,由转让方所属水行政主管部门将协议报上一级水行政主管部门备案。

第十三条　在交易期限内,区域水权交易转让方转让水量占用本行政区域用水总量控制指标,受让方实收水量不占用本行政区域用水总量控制指标。

第十四条　取水权交易在取水权人之间进行,或者在取水权人与符合申请领取取水许可证条件的取水户之间进行。

第十五条　取水权交易转让方应当向其原取水审批机关提出申请。申请材料应当包括取水许可证副本、交易水量、交易期限、转让方采取措施节约水资源情况、已有和拟建计量监测设施、对公共利益和利害关系人合法权益的影响及其补偿措施和受让方相关材料。

第十六条　原取水审批机关应当及时对转让方提出的转让申请进行审查,组织对转让方节水措施的真实性和有效性进行现场检查,在20个工作日内决定是否批准,并书面告知申请人。

第十七条　转让申请经原取水审批机关批准后,转让方与受让方签订交易协议。协议内容应当包括交易量、交易期限、取水地点和取水用途、交易价格、违约责任、争议解决办法等。

第十八条　交易完成后,转让方和受让方依法办理取水许可证或者取水许可变更手续。

第十九条　转让方与受让方约定的交易期限超出取水许可证有效期的,审批受让方取水申请的取水审批机关应当会同原取水审批机关予以核定,并在批准文件中载明。在核定的交易期限内,对受让方取水许可证优先予以延续,但受让方未依法提出延续申请的除外。

第二十条　县级以上地方人民政府或者其授权的部门、单位,可以通过政府投资节水形式回购取水权,也可以回购取水户投资节约的取水权。回购的取水权,应当优先保证生活用水和基本生态用水;尚有余量的,可以通过市场竞争方式进行配置。

第二十一条 农业用水权交易在用水户之间进行。

第二十二条 农业用水权交易期限不超过一年的,由转让方与受让方平等协商,自主开展;交易期限超过一年的,事前报供水管理单位备案。

第二十三条 农业供水管理单位应当为开展农业用水权交易创造条件,并将依法确定的用水权益及其变动情况予以公布。

第二十四条 县级以上水行政主管部门、农业供水管理单位可以回购农业用水权,回购的水权可以用于农业用水权的重新配置,也可以用于水权交易。

第二十五条 交易各方应当建设计量监测设施,完善计量监测措施。

第二十六条 县级以上水行政主管部门应当加强对水权交易实施情况的跟踪检查,适时组织水权交易后评估工作。

第二十七条 县级以上水行政主管部门或者其他有关部门及其工作人员在水权交易监管工作中滥用职权、玩忽职守、徇私舞弊的,由其上级行政机关或者监察机关责令改正;情节严重的,依法追究责任。

第二十八条 转让方或者受让方违反本办法规定,隐瞒有关情况或者提供虚假材料骗取取水权交易批准文件的;未经原取水审批机关批准擅自转让取水权的,依照有关规定处理。

第二十九条 本办法自 2017 年 1 月 12 日起施行。

第三节 建设路径

一、用水总量控制

(一)将区域用水总量控制指标明确到具体水源

搜集整理社会经济、水文水资源、供水与用水现状等详细资料,分析地表水、地下水、中水及矿井疏干水等各种水源的情况,以区域"三条红线"用水总量控制指标为依据,确定地表水和地下水等不同水源的可分配总水量,在保障生态用水的前提下,明确各类水源的可取用水量,并明确到各取水权人。

其中,地表水水源主要指水库、塘坝、水窖(水池)等,涉及的工程主要有蓄水工程、引水工程和提水工程;而地下水主要采用机井的方式进行供水。区域中水以及煤矿疏干水也可以作为水源,以缓解当地的用水压力。

(二)制定分行业水资源配置方案

以区域用水总量控制指标为依据,对地表水、地下水可供水量进行可靠性和合理性分析,结合经济社会发展、产业布局等因素,科学分析各行业的现状用水情况,按照"生活优先,注重生态,可以持续、有偿使用"的原则,将地表水、地下水各水源的水量公平、合理、明确地分配到生活、工业、农业、生态等各用水行业,保障城乡居民生活用水,确保生态基本用水,优化配置生产用水,并合理预留一定水量,形成水源配置与行业用水配置的区域水资源优化配置格局,以此作为水权确权的基本依据。

1. 生活用水分配

生活用水包括城镇生活用水和农村生活用水,是保障人民群众健康的基本需求,应优先保证。生活用水量以人均用水量和现状用水人口为基础,综合考虑城镇化率、城市规模、居民生活水平持续提高等因素进行核定。人均用水量以近3年实际用水量平均值进行合理性分析,不高于《陕西省行业用水定额》,未来人口增长等数据依据区域《国民经济和社会发展第十三个五年规划》确定。

2. 工业用水分配

工业主要包括煤矿及化工企业。工业用水量以工业企业近3年平均用水量、水平衡测试成果为基础,统筹考虑现代产业体系规划等因素进行核定,单位产品取水量不高于《陕西省行业用水定额》。在对区域工业企业用水量及用水水平进行分析的基础上,对规模以上企业,根据设计产能、用水定额、水平衡测试成果,核定测算各企业的合理用水量;对规模以下企业,以近5年工业增加值乘以合理的万元工业增加值用水量进行测算。

3. 生态环境用水分配

生态环境用水包括河道内生态环境用水和河道外生态环境用水。河道内生态环境用水一般分为维持河道基本公共和河口生态环境的用水,在规划工程中已扣除,不做计算。河道外生态环境用水分为环境卫生、市政绿化、生态景观用水等,以近3年实际平均用水量为基础,进行合理性分析后核定,不低于《陕西省行业用水定额》,且应考虑优先利用非常规水。

4. 预留水量

预留水量是指为满足未来区域发展战略用水需求和保障应急用水需求,预留的一定水量。预留水量由当地水行政主管部门支配。

5. 农业用水分配

农业用水包括农田灌溉用水和林牧渔畜用水,其中农田灌溉用水量包括水田、水浇地、菜田用水,林牧渔畜用水量包括林果地灌溉、草场灌溉、鱼塘补水、牲畜用水等。农业用水分配水量为区域可分配总水量扣除预留水量,合理的生活、工业和生态用水量后的剩余水量。

二、开展水资源使用权确权登记

试点期间,仅对生活、工业、农业用水进行确权登记,暂不对生态环境用水进行确权。生活用水确权到自来水公司、集中供水工程管理单位或村集体。农业灌溉用水确权到已有灌区或村集体。工业用水确权到企业和供水单位,分别以核发取水许可证和水权证的形式予以确权。

(一)生活用水确权登记

1. 确权范围

城区生活用水、村镇生活用水(千吨或万人以上集中供水工程)、农村规模以上(单站供水千人以上万人以下,下同)生活用水。

2. 确权对象

城区生活用水确权到自来水公司。

村镇生活用水确权到集中供水工程管理站。

规模以上农村生活用水确权到集中供水工程管理站或村集体。

3. 确权方式

开展生活用水摸底调查,以供水工程为主要调查对象,充分掌握近3年供水工程及供水管网现状,对其供水人口、供水量、供水范围、供水能力等进行确权登记,在合理性分析的基础上,以近3年平均供水量作为确权水量。对已持有取水许可证的供水单位供水情况、自备井用户用水情况进行复核和确认,现状供(用)水量与批复水量存在较大差异的,按照取水许可管理权限,由具有管辖权的水行政主管部门重新核发取水许可证;尚未办理取水许可证的,按照取水许可管理权限和程序申请取水许可并办理取水许可证。

(二)工业用水确权登记

1. 确权范围

一般工业企业、已建及在建煤矿。

2. 确权对象

用水企业、供水工程管理单位。

3. 确权方式

对区域工业企业产品类型、近年产量、取水许可水量、现状用水量、取用水计量设施、水资源费征收等进行摸底调查,核定获得取水许可证单位的生产及用水情况,根据确权对象的现状用水量调查统计情况,分析不同确权对象的现状用水水平及存在的问题,尚未安装取水计量设施的,待实现在线监测后核定取用水量。

对已持有取水许可证的取用水户,对取水许可水量予以复核和确认,煤矿企业现状用水量通过企业生活用水、矿井涌水量中的生产用水进行核定,建议按照取水许可管理权限,由具有管辖权的水行政主管部门重新核发取水许可证。对取水许可证到期延续的取用水户,结合取水许可证到期延续审批工作,综合考虑用水总量控制指标、行业用水定额、设计产能水平测试结果等因素,以近3年年度实际取用水水平进行核定,换发取水许可证。对取水许可证过期的取用水户,按照取水许可管理规定,补发取水许可证。对新增取用水户,要先进行水资源论证和取水许可,取水工程验收后方可发放取水许可证。

统筹考虑区域工业用水控制指标,对各工业供水单位、工业园区、一般工业企业、煤矿企业初步确定的水资源使用权在全区范围内进行水量平衡、调整,最终确定水资源使用权,核发或补发取水许可证。煤矿疏干水扣除煤矿企业自身生产用水后,其余水量纳入全区可分配水量,进行统一配置。

水权确权:对已持有取水许可证的取用水户,结合取水许可证到期延续审批工作,对符合延续条件的,依据用水总量控制指标、行业用水定额、设计产能、水平衡测试结果及近3年实际用水量,从严核定延续许可水量,换发取水许可证。对新增取用水户,要先行水资源论证,通过后方可批准取水许可,取水工程验收后方可发放取水许可证。对通过公共供水管网供水的用水户,本次试点工作中暂不对其进行确权。

(三)农业用水确权登记

1. 确权范围

水库中型灌区、小型井灌区和小型泵站灌区。

2. 确权对象

水库灌区确权到灌区管理单位,小型泵站和井灌区确权到村集体。

3. 确权方式

在调查灌区基本情况并进行水资源论证的基础上,按照取水许可总量控制指标、取水许可管理权限和程序向水库灌区及小型泵站、小型井灌区的灌区管理单位重新核发取水许可证。

在灌区内部,根据以水定规模、以水定发展的要求,按照灌溉面积和灌溉定额"双控制"的原则,对法定承包灌溉面积配置水权,计划外发展的灌溉面积不配置水权。以斗渠、机井、泵站为基础,调查灌区现状供用水情况,包括农业人口、灌溉面积、现状用水量、可供水量等,分析现状用水量及存在的问题。综合考虑灌溉面积、灌溉水量、灌溉定额等因素,具备观测计量条件的,以近3年实际用水量作为确权水量;不具备计量条件的,待安装计量监测设施实现在线监测后另行确权。

对取用地下水的农户(含农业经营大户),按照取水许可制度有关规定办理取水许可证,由县级以上地方水行政主管部门发放取水许可证;已经持有一个或多个取水许可证的,按照"一个用户持有一个取水许可证"的原则,换发取水许可证。其中,同时取用地表水和地下水的农户(含农业经营大户),应当明确地下水水量以及取用地表水和地下水的比例关系。

统筹考虑区域农业用水指标,对初步确定的水资源使用权在全区范围内进行水量平衡和衔接,最终确定确权对象取水量。

确权水量确定后,由试点县(区)水务局进行公示、登记,公示无异议的,进行电子登记。试点县(区)人民政府向各乡(镇)、小型泵站及井灌区确权,由县级人民政府统一核发水权证。

三、建立水权确权数据库

在完成水资源确权登记工作的基础上,汇总完成全县水资源使用权工作,根据水资源使用权确权对象,按照确权范围,建立水资源使用权确权登记数据库。

(一)数据库建设目标

结合区域生活、工业、农业用水确权工作实际,开发规范的库表结构和功能模块,实现确权信息的统一存储、数据库信息的展示、统计、数据可视化等功能,便于对数据的查阅、统计与分析,同时能够实现与省、市水权确权登记数据库的互联互通和数据实时共享,以及水资源监控系统、水权交易系统等信息化系统的有效链接,有助于提升试点县(区)水资源信息化管理水平。

(二)数据库结构设计

基于数据来源与确权业务,建立水权确权数据库,分别为管理数据库、业务数据库、多媒体数据库、地理信息库和基础数据库,分别存储的内容如下:

管理数据库:系统操作信息,系统操作日志信息。

业务数据库:系统中与业务相关的信息变更记录的存储,水权交易业务流转数据信息。

多媒体数据库:主要针对文档、图片、PDF 等非结构化数据信息的管理。

地理信息库:主要是对空间数据信息的存储,以服务于业务系统中空间化的信息展示,例如取水口及取用水户位置、灌区分布、供水工程布局等。

基础数据库:主要存储与确权有关的水资源基础信息,包括灌区、用水户、地亩数、企业数量、用水定额等。

(三)数据库运行维护

数据库开发完成后,首先是确权数据录入,包括在线监测的用水户数据、水权分配数据、已用水量、转让水权等基础信息以及业务模块中产生的过程状态数据、外部交换动态数据等,对可自动采集数据通过数据接口从相关系统采集,其他数据可以使用人工填报的方式进行采集。其次是数据处理,主要包括数据转换与整合,同类型的信息通过数据转换处理成相同标准,不同类型的信息通过数据整合处理后聚合使用。最后是运行管理,建立水权确权登记动态管理机制,及时发布水权确权登记工作相关信息,公示确权登记情况,根据取用水权变化情况及时变更或注销水资源使用权证,并对确权登记数据库信息进行及时更新。

四、搭建水权交易平台

依托中国水权交易所已建成投用的国家水权交易平台,在试点县(区)人民政府门户网站上布置中国水权交易所水权交易系统链接窗口,搭建水权交易系统。建设水权交易平台和移动 APP 水权交易平台,实现用户注册、交易申请、信息公告、交易撮合、资金结算及交易鉴证等功能,具备开展区域水权交易、取水权交易、灌溉用水户水权交易、政府回购等不同类型水权交易的系统条件。由中国水权交易所负责水权交易系统的升级改造、运行维护和数据管理,提供后台支撑和技术服务。

五、严格水资源用途管制

确权登记后,切实加强水资源用途管制。对县域内取用水户进行水权确权的总水量,不得超过该区域的用水总量控制指标、地下水控制指标。

(一)严格水资源论证和取水许可管理

健全规划水资源论证制度,把水资源论证作为产业布局、城市建设、区域发展等规划审批的重要前置条件。严格建设项目水资源论证,未进行建设项目水资源论证或建设项目水资源论证未通过审查的,不批准取水申请。

(二)严格水资源用途变更监管

按照生活、农业、工业、生态等用水类型配置和管理水资源,加强水资源用途管制,提高水资源管理能力和利用效率。水权确权后,权利人应当按照规定的用途取用水,未经批准不得擅自改变用途。确需改变用途的,必须严格论证,并由原审批机关按程序批准,确保城乡居民生活用水、基本生态需水和合理农业用水不被挤占。在符合用途管制的前提下,鼓励通过水权交易等市场手段促进水资源有序流转,同时防止以水权交易为名套取取用水指标,变相挤占生活、基本生态和农业合理用水。

六、开展水权交易流转

(一)开展同一行业内取用水户之间的水权交易

在完成农业用水户水权证核发的基础上,综合考虑已有工作基础、村镇积极性、试点代表性等因素,选取 1~2 个行政村,通过中国水权交易所灌溉用水户水权交易手机 APP 开展农户间水权交易。

鼓励农业取用水户通过调整种植结构、改变灌溉方式等措施节约水资源。所节约出的水量,用水户协会间或农户间可以依据持有的用水权证开展水权交易。交易标的既可以是年度用水量,也可以是一定期限内的用水量。斗口之间或斗口以上的水权交易,需要经灌区管理单位同意;同一斗口内部的水权交易,应当向灌区管理单位备案。因交易而导致用水权变更的,在用水权证上予以记载;属于取用地下水的,相应办理地下水取水许可证变更等手续。

(二) 开展农业向工业的水权交易

鼓励企业通过向灌区投资节水进行水权转让,取得用水指标,转让期限按节水工程使用年限计算。在保障农业基本用水的基础上,经县级以上地方水行政主管部门审查和灌区管理单位同意,斗口以下的用水户协会或农户可以通过调整种植结构等措施,向工业企业转让取用水权。对于计划外的灌溉面积不配置水量,也不开展交易。对农业用水可能造成不利影响或侵害农民用水权益,且没有合理补偿方案或者补救措施的,不进入交易流程。

(三) 开展政府节水的水权收储与转让

对政府投资的节水项目,按照经批复的有关规划和项目设计文件,复核确认实际可节约水量并相应调整原取水许可总量,换发取水许可证,以此作为项目验收和考核的基本条件;政府投资项目的实际节约水量指标,由水行政主管部门进行收储,优先保障生活用水和偿还生态用水(包括退还超采的地下水),富余指标可以通过水权交易平台,以有偿竞争性获取方式用于工业新增用水需求,交易收益主要用于水资源节约保护。

(四) 政府回购

探索开展政府回购。农业用水户或农业供水管理单位通过调整产业结构、投资节水等方式节约的水量,可通过水权交易平台发布挂牌信息,由政府出资进行统一回购。

七、开展水权制度建设

(一) 制定试点县(区)水权确权登记实施办法

依据《陕西省水权确权登记办法》,借鉴其他省、市(区)先进经验,制定出台试点区域水权确权登记实施办法,明确确权登记的方式方法、规则和流程,明确水权确权原则、程序、不同行业用水量核定方式、确权期限、权利内容,以及水权证发放及监管等。

(二) 制定试点县(区)水权交易管理暂行办法

结合《陕西省水权交易管理办法》,结合试点区域实际,制定试点区域水权交易管理暂行办法,明确交易主体和期限、交易价格形成机制、监管主体、对象及监管内容等。

(三)制定试点县(区)水权交易规则

借鉴《中国水权交易所交易规则》及相关省(区)水权交易规则,结合试点区域实际,制定出台水权交易规则,明确水权交易流程,对交易申请、受理、登记、信息发布以及交易签约、资金结算、交易保证金、争议调解等进行规范。

第三章　陕西水权确权登记

为贯彻落实中央、省深化水利改革的重要部署,实施用水户水权确权登记,明确用户权益,陕西省结合实际,制定了《陕西省水权确权登记办法》,各试点县(区)因地制宜,制定出台了各县(区)确权登记办法,为水权确权工作提供了基础。

第一节　水权确权过程

一、白水县确权登记

(一)白水县基本情况

白水县位于陕西省关中东北部,东隔洛河与澄县相望,南与蒲城以北五龙山相隔,西接铜川,北以黄龙山、雁门山为界,与宜君、黄龙、洛川三县相邻,南北长 35 km,东西宽 37.5 km,总土地面积 986.6 km²。白水县属暖温带大陆性季风气候,属半干旱地区。冬季受蒙古冷高压气团控制,寒冷少雨,夏季受西太平洋副热带高压影响,炎热多雨,兼有伏旱。

白水县内河流分为过境和境内,均为黄河流域的北洛河水系。水资源贫乏,属关中东部阶地贫水区,全县水资源总量 4 956.82 万 m³,其中地表水 3 539.23 万 m³,地下水 3 793.89 万 m³,重复补给量 2 376.3 万 m³。现状水资源可利用量 3 387.41 万 m³,占水资源总量的 68.3%,其中地表水可利用量 2 290.96 万 m³,占地表水总量的 64.7%;地下水可开采量 1 096.45 万 m³,占地下水总量的 28.9%。全县人均水资源占有量 165 m³,分别为全市、全省和全国平均水平的 1/3、1/8 和 1/15。

(二)白水县水权确权登记开展情况

在白水县政府支持下,在省、市水资源管理部门的指导下,依据《白水县水权确权登记办法》,重点在全县范围内对取用水户开展水资源使用权确权登记,重新核发取水许可证,登记各类取水许可用户 313户,印制了 1 000 份水资源使用权证。在项目先行试点的林皋镇、杜康镇、雷牙镇区域,发动社会力量,广泛宣传,镇政府、村委会联动配合,积极督促,按照取水权属证明清晰、供水范围明确、计量设施安装到位等要求,实地查勘,核定取水量,力求确权工作全覆盖。

1. 生活用水确权登记

一是城区生活用水确权。城区生活用水由陕西水务集团白水水务公司通过公共供水管网统一供水,城区生活用水确权到白水水务公司。试点期间,通过积极宣传新的水资源管理办法,督促协调白水水务公司重新开展了水资源论证,核定取水总量 580 万 m^3,重新核发了取水许可证。

二是村镇生活用水确权。村镇生活用水由白水县水管中心和石堡川水库白水管理处对全县 9 个供水站进行农村集中供水管理,县水管中心负责尧禾、西固、林皋、雷牙、雷村、城关、杜康 7 个集中供水站,石堡川水库白水管理处负责北塬、彭衙 2 个集中供水站。试点期间,多次督促协调白水县水管中心和石堡川水库白水管理处,完善了取水许可手续,开展了水资源论证,核发了 2 个取水许可证,许可水量 378.43万 m^3,其中白水县水管中心许可水量 320 万 m^3,石堡川水库白水管理处许可水量 58.43 万 m^3。同时,对 9 个供水站工程现状、供水人口、供水量、供水范围、供水能力等进行了摸底调查,形成了基础信息台账,以近 3 年平均供水量作为确权水量,分别向尧禾、西固、林皋、雷牙、雷村、杜康、北塬、彭衙等集中供水工程核发了水权证,确权水量见表 3-1。

三是农村规模以上生活用水确权。白水县农村人饮除集中供水工程外,还有单村供水,共登记 131 户,水量 359.27 万 m^3,以取水单位进行确权,对取水单位重新登记,规范取水用途,核定供水范围、供水人口及取水量,计量实施到位后,核发取水许可证。

表3-1　村镇生活用水确权登记

供水方式/ 工程	供水水源	水权/ 万 m³	用水人口/ 人	供水范围	人均用水量/ (L/d)
尧禾集中 供水工程	铁牛河水库	74	34 389	尧禾镇及 苹果园区	60
西固集中 供水工程	机井	36	17 085	西固镇	60
林皋集中 供水工程	武子水库	47	22 171	林皋镇	60
雷牙集中 供水工程	厚义水库	38	17 749	雷牙镇	60
雷村集中 供水工程	380 井	38	17 782	雷村塬	60
杜康集中 供水工程	机井	30	14 100	大杨塬	60
彭衙集中 供水工程	彭衙水库	29	13 456	史官镇	60
北塬集中 供水工程	马河提调工程	28	13 000	北塬镇	60

2. 工业用水确权登记

白水县独立取水的工业企业共4家,分别为陕西陕煤蒲白矿业有限公司热电公司、陕西新元发电有限公司、陕西北方民爆集团有限公司渭南分公司、陕西白水县杜康酒业有限责任公司。按照取水定额、管理权限,重新核定了取水量,市、县水务局分别向4家企业重新核发了取水许可证,总许可水量 162 万 m³,其中陕西陕煤蒲白矿业有限公司热电公司许可水量 106 万 m³、陕西新元发电有限公司许可水量 48 万 m³、陕西北方民爆集团有限公司渭南分公司许可水量 3 万 m³、陕西白水县杜康酒业有限责任公司许可水量 5 万 m³。工业用水确权登记见表 3-2。

表 3-2　工业企业确权登记统计

序号	企业名称	许可水量/万 m³	取水水源	取水许可证编号	审批机关
1	陕西陕煤蒲白矿业有限公司热电公司	106	380 岩溶水	渭水字〔2018〕第 20003 号	渭南市水务局
2	陕西新元发电有限公司	48	380 岩溶水	渭水字〔2018〕第 20061 号	渭南市水务局
3	陕西北方民爆集团有限公司渭南分公司	3	浅层地下水	白水字〔2018〕第 10003 号	白水县水务局
4	陕西白水县杜康酒业有限责任公司	5	地表水	白水字〔2019〕第 10004 号	白水县水务局
	合计	162			

3.农业用水确权登记

在调查灌区基本情况并进行水资源论证的基础上,按照取水许可总量控制指标、取水许可管理权限和程序向林皋水库灌区、铁牛河水库灌区及小型泵站、小型井灌区的灌区管理单位重新核发取水许可证,故现水库因白水河上游河道断流水库干枯,暂未办理取水许可证。

对农业取水户及小型泵站逐个登记、逐个确权。实施步骤优先项目区,同时兼顾全县其他用户。农业用户在提交取水资料时,突出

"严"、突出"节",取水时要求提交用水户名单,根据取水对象,核定取水定额、许可水量。对取用地下水的集体户(含农业经营大户),按照取水许可制度有关规定办理取水许可证;一般都确定给村集体,已经持有一个或多个取水许可证的,按照"一个用户持有一个取水许可证"的原则,换发取水许可证。

全县农村灌溉共 163 户,核定取水量为 751.36 万 m³,以取水项目为单位,确定位置坐标,完成计量设施安装,健全用水制度,核定取水量,纳入取水许可确权登记管理。

水权证在灌区许可证的基础上,发到各镇。原计划是根据方案发水权证到最基层用户,也就是农户手中,因为水源短缺,如果发放到农户,有可能会引发更多的社会矛盾,所以水权证暂时没有发放到户。

二、三原县水权确权登记

(一)三原县基本情况

三原县地处北纬 34°34′~34°50′、东经 108°47′~109°10′的关中平原中部,南毗高陵,东接富平,北靠耀州区,西抵淳化、泾阳,东西宽 37 km,南北长 30 km,总面积 576.9 km²。全县辖 9 镇 1 办事处 4 中心 172 个行政村,总人口 41.8 万人,耕地面积 53.1 万亩,灌溉面积 40.8 万亩,其中:水浇地 24.7 万亩,菜田 7.5 万亩,林果 8.6 万亩。县域位于暖温带半干旱季风气候区,多年平均降水量 522.9 mm,气温 13.76 ℃,日照时数 2 272 h,无霜期 204 d。降水的年内分配为 6~9 月最多,占全年降水量的 62.1%,11 月、12 月及 1 月、2 月最少,占全年降水量的 7.3%,3~5 月和 10 月 4 个月占全年降水量的 30.6%。

三原县水系属于渭河流域,县境内的河流有清峪河及其支流浊峪河、冶峪河,以及石川河水系的赵氏河。冶峪河于三原、泾阳两县交界处汇入清河,在境内无流域面积。赵氏河是三原、富平两县的界河。清峪、浊峪、赵氏三河流经县境总长度为 116.4 km,流域面积 405.4 km²。县境内共有清峪、浊峪、赵氏三条河流的一级支沟 248 条,多数支沟不具备常流性质。清峪河、浊峪河的中上游植被覆盖较差，水土流失严重。三原县境内水资源总量为 5 720 万 m³，其中：地表水资源总量为 2 142 万 m³，主要由自然降水和河川径流构成，经常以暴雨形式出现，不易利用，目前开发利用程度 60% 左右；地下水补给量为 5 891 万 m³；二者的重复量为 2 313 万 m³。多年平均水资源可利用量为 5 409 万 m³，其中：地表水可利用量为 1 285 万 m³；地下水可开采量为 4 124 万 m³。计入过境天然客水及工程引入客水 8 065 万 m³，各类工程可供水总量为 13 474 万 m³（不含中水）。

（二）三原县水权确权登记开展情况

以三原县用水总量控制指标和清峪河、浊峪河、赵氏河可分配水量及可引入客水量为依据，对地表水、地下水可供水量进行可靠性和合理性分析，将地表水、地下水各水源的水量分配到农业、工业、生活、生态等各用水行业。

1. 分行业水资源配置

1）生活用水分配

三原县 2017 年人口为 41.8 万人，按照《三原县国民经济和社会发展第十三个五年规划》《三原县县城总体规划》，2020 年的全县人口 42.0 万人，其中城镇人口 21.8 万人、农村人口 20.2 万人。人均用水量为城镇生活 110 L/d、农村生活 50 L/d，生活用水分配水量为 1 244 万 m³。

2）工业用水分配

三原县工业以食品加工、机械制造、医药、建材为主，2020 年工业增加值预测为 145 亿元，万元工业增加值用水量 9 m³，则工业用水分配水量为 1 305 万 m³。

3）生态用水分配

预测 2020 年，城镇人口 21.8 万人，人均道路面积 10 m²，道路总面积 218 万 m²，用水定额 1 L/（d·m²），全年市政卫生用水 80 万 m³；市政绿化面积人均 8 m²，计 174 万 m²，用水定额 1 L/（d·m²），全年市政绿化用水 64 万 m³;道路防护林面积 24.8 万 m²,用水定额 0.5 L/(d·m²),全年市政卫生用水 5 万 m³;以上合计 149 万 m³。河道生态基流补水 800 万 m³。总计生态用水 949 万 m³。

4)预留水量

预留水量是指为满足未来区域发展战略用水需求和保障应急用水需求,预留的一定水量。预留水量按照用水总量控制目标的 3%控制,预留水量为 420 万 m³。

5)农业用水分配

农业用水主要包括农田灌溉用水和林牧渔畜用水,其中农田灌溉用水包括水浇地、菜田用水,林牧渔畜用水包括林果地灌溉、鱼塘补水、牲畜用水等。预测 2020 年农田灌溉面积 26 万亩,林果灌溉面积 8 万亩,菜田灌溉面积 7 万亩。用水量分析如下:

渔业面积 2 500 亩,用水量 250 万 m³。大牲畜 4.9 万头,小牲畜 87.5 头,用水定额分别为 50 L/(头·d)、15 L/(头·d),年用水量 568 万 m³。综上所述,农林渔畜 50%、75%、95%保证率下用水需求量分别为 10 666 万 m³、12 318 万 m³、13 778 万 m³。

按照优先保障生活、工业、生态用水的原则,在满足生活、工业、生态用水的前提下,合理预留一定水量,其余部分分配给农业用水,则 50%、75%、95%保证率下可分配农业用水量分别为 10 054 万 m³、8 747 万 m³、7 414 万 m³。农业用水主要通过节约用水、中水回用、增加区外调水来缓解供需矛盾。

2.三原县确权登记

1)生活用水确权

开展生活用水摸底调查,以供水工程为主要调查对象,充分掌握近 3 年供水工程及供水管网现状,对其供水人口、供水量、供水范围、供水能力等进行确权登记,确权 23 户,确权水量 1 244 万 m³。以水资源使用权证形式确权,实现了应确尽确。

2)工业用水确权

2020 年工业行业用水分配水量 1 307 万 m³。本次试点对自来水供水工业企业不重复确权(400 万 m³),仅对自备井用户进行确权,颁发取水许可证 57 户,许可水量 287.48 万 m³。其他用户 105 户已完成摸底登记,正在办理取水许可证,计划确权水量 25.622 1 万 m³。

3)农业用水确权

农业用水确权水量 10 054 万 m³。

省属泾惠渠灌区及桃曲坡水库灌区:灌区管理单位已将水权分配到各用水户,确权面积 22 万亩,确权水量 5 154 万 m³。其中泾惠渠灌区 20 万亩,确权水量 4 686 万 m³;桃曲坡水库灌区 2 万亩,确权水量 468 万 m³。

县属灌区:玉皇阁水库灌区按照近 5 年灌溉面积及供水量将用水权分配至 10 个受益村,水量 494.6 万 m³,见表 3-3。前嘴子水库灌区按照近 5 年灌溉面积及供水量将用水权分配至 12 个受益村,水量 300 万 m³,见表 3-4。清惠渠灌区由于水源转变为城乡供水,2016~2017 年实施了从泾惠渠灌区调水工程,对调水工程涉及的 6 个村进行了水权确权,水量 315.15 万 m³,见表 3-5。合计确权水量 1 109.75 万 m³。

县以下蓄水工程管理单位确权。县以下管理 5 座水库全部办理确权证,分别为弓王水库、李家桥水库、赵渠水库、王家沟水库、柏社水库,确权水量 498 万 m³,见表 3-6。

抽水站:将水权确至抽水站管理单位或个人,确权 58 个,确权水量 985.4 万 m³,见表 3-7。

农用机井:确权水量 2 306.34 万 m³,计划全部采用取水许可证形式确权,共计 1 769 户,机井数量 3 184 眼,已经发放取水许可证 582 户,其余取水许可证正在制作(试点中办理了水权证 800 份,取水许可证办理后收回)。

表 3-3　三原县玉皇阁水库灌区水权确权

序号	镇（行政村）	人口/人	耕地面积/亩	机井总数/眼	玉皇阁水库近5年实灌面积均值/亩	玉皇阁水库分配水量/万 m³	确权证形式	证号
一	马额中心	8 255	25 950	53	8 600	192.36	水权证	
1	郑家村	1 600	5 580	11	1 000	22.39	水权证	（三玉灌）水权（01）号
2	蒙家村	1 920	6 609	17	500	11.19	水权证	（三玉灌）水权（02）号
3	高文村（文龙）	950	3 330	10	1 500	33.58	水权证	（三玉灌）水权（03）号
4	邓家村	1 340	3 668	5	2 800	62.69	水权证	（三玉灌）水权（04）号
5	马额村（马东）	1 245	3 454	3	800	17.91	水权证	（三玉灌）水权（05）号
6	明星村（魏回）	1 200	3 309	7	2 000	44.60	水权证	（三玉灌）水权（10）号
二	陵前镇	9 543	24 182	103	13 500	302.24	水权证	
1	肖家村	2 620	7 793	35	5 300	118.65	水权证	（三玉灌）水权（06）号
2	陵前村	3 532	7 309	60	3 700	82.84	水权证	（三玉灌）水权（07）号
3	曹师村	1 585	3 918	2	2 000	44.78	水权证	（三玉灌）水权（08）号
4	甘游村	1 806	5 162	6	2 500	55.97	水权证	（三玉灌）水权（09）号
	合计	17 798	50 132	156	22 100	494.60		

表3-4　三原县前嘴子水库灌区水权确权

序号	行政村	人口/人	耕地面积/亩	机井总数/眼	前嘴子水库近5年实灌面积均值/亩	分配水量/万 m³	确权证形式	证号
1	五四村	1 910	4 800	4	900	20.96	水权证	（三前灌）水权（01）号
2	里寨村	1 550	4 400	7	180	4.19	水权证	（三前灌）水权（02）号
3	焦黄村	1 585	3 800	6	500	11.65	水权证	（三前灌）水权（03）号
4	新兴村	2 816	6 400	4	1 800	41.93	水权证	（三前灌）水权（04）号
5	张家坳村	2 830	7 000	10	200	4.66	水权证	（三前灌）水权（05）号
6	塔凹村	1 702	4 200	3	400	9.32	水权证	（三前灌）水权（06）号
7	南社村	1 470	3 800	1	1 300	30.28	水权证	（三前灌）水权（07）号
8	牛安村	1 609	4 600	0	500	11.65	水权证	（三前灌）水权（08）号
9	和平村	3 916	9 300	9	2 100	48.91	水权证	（三前灌）水权（09）号
10	红旗村	1 705	3 900	4	2 100	48.91	水权证	（三前灌）水权（10）号
11	岩尧村	1 186	3 100	0	600	13.98	水权证	（三前灌）水权（11）号
12	柏社村	3 145	6 900	2	2 300	53.57	水权证	（三前灌）水权（12）号
	合计	27 105	62 200	50	12 880	300.01		

表3-5　三原县清惠渠灌区调水工程水权确权

序号	镇（村）	人口/人	耕地面积/亩	计划灌溉面积/亩			分配水量/万 m³			确权证形式	证号
				小计	1号抽水站	2号抽水站	小计	1号抽水站	2号抽水站		
一	陵前镇	7 940	13 420	9 498	5 998	3 500	207.72	107.59	100.13	水权证	
1	樊家崟村	3 768	6 470	4 500	4 500		80.72	80.72		水权证	（三清灌）水权（01）号
2	口外村	836	1 380	998	998		17.90	17.90		水权证	（三清灌）水权（02）号
3	铁家村	1 919	3 232	2 300	500	1 800	60.47	8.97	51.50	水权证	（三清灌）水权（03）号
4	墩台村	1 417	2 338	1 700		1 700	48.63		48.63	水权证	（三清灌）水权（04）号
二	西阳镇	3 760	5 618	4 502	2 002	2 500	107.43	35.91	71.52	水权证	
1	五泉村（五泉东）	1 676	2 400	2 002	2 002		35.91	35.91		水权证	（三清灌）水权（05）号
2	五联村	2 084	3 218	2 500		2 500	71.52		71.52	水权证	（三清灌）水权（06）号
	合计	11 700	19 038	14 000	8 000	6 000	315.15	143.50	171.65		

表 3-6　三原县用水权基本信息调查登记（县以下蓄水工程）

序号	水库名称	建成时间	所在地址	所在河流	水库主要任务	管理单位名称	总库容/万m³	确权水量/万m³	确权证形式	证号
1	弓王水库	1976年5月	三原县马额社区便民服务中心	赵氏河	灌溉	三原县马额镇水利管理站	272.00	114	水资源使用权证	（三原）水权（2019）X05
2	李家桥水库	1976年7月	三原县渠岸镇	清峪河	灌溉	三原县渠岸镇水利管理站	492.39	144	水资源使用权证	（三原）水权（2019）X06
3	赵渠水库	1970年12月	三原县独李镇	清峪河	灌溉	三原县独李镇水利管理站	323.30	200	水资源使用权证	（三原）水权（2019）X07
4	王家沟水库	1973年1月	三原县新兴镇	浊峪河	灌溉	三原县新兴镇水利管理站	28.00	20	水资源使用权证	（三原）水权（2019）X08
5	柏社水库	1978年5月	三原县新兴镇	浊峪河	灌溉	三原县新兴镇柏社村委会	24.95	20	水资源使用权证	（三原）水权（2019）X04
合计								498		

表 3-7　三原县小型泵站用水权确权登记

序号	泵站名称	提水级数	装机功率/kW	装机台数/台	设计流量/(m³/s)	设计扬程/m	受益面积/亩		水权确权计划/万 m³	确权证形式	证号
							设计	实际			
1	大程镇白龙湾抽水站	1	100	2	0.17	35	3 000	2 500	65	水权证	(三原)水权(T01)号
2	大程镇芬李抽水站	1	30	1	0.04	31	473	400	10.4	水权证	(三原)水权(T02)号
3	大程镇韩家抽水站	1	30	1	0.04	35	400	400	10.4	水权证	(三原)水权(T03)号
4	大程镇四险东抽水站	1	30	1	0.04	33	130	130	3.38	水权证	(三原)水权(T04)号
5	大程镇四险西抽水站	1	17	1	0.03	33	120	120	3.12	水权证	(三原)水权(T05)号
6	大程镇王店东抽水站	1	17	1	0.03	40	600	600	15.6	水权证	(三原)水权(T06)号
7	大程镇王店西抽水站	1	45	1	0.05	45	200	200	5.2	水权证	(三原)水权(T07)号
8	大程镇屯王村西王抽水站	2	18.5	2	0.09	51	3 000	1 000	26	水权证	(三原)水权(T08)号
9	独李镇三合抽水站	1	153	2	0.26	30	1 300	1 300	33.8	水权证	(三原)水权(T09)号

续表 3-7

序号	泵站名称	提水级数	装机功率/kW	装机台数/台	设计流量/（m³/s）	设计扬程/m	受益面积/亩 设计	受益面积/亩 实际	水权确权计划/万 m³	确权证形式	证号
10	独李镇双桥抽水站	1	85	2	0.14	30	300	300	7.8	水权证	（三原）水权（T10）号
11	独李镇双桥一组抽水站	1	30	1	0.05	36	280	280	7.28	水权证	（三原）水权（T11）号
12	独李镇双桥三组抽水站	1	30	1	0.05	36	700	700	18.2	水权证	（三原）水权（T12）号
13	独李镇双桥四组抽水站	1	30	1	0.05	33	400	400	10.4	水权证	（三原）水权（T13）号
14	独李镇王店孙抽水站	1	45	1	0.04	60	1 200	900	23.4	水权证	（三原）水权（T14）号
15	独李镇张刘八组抽水站	1	30	1	0.04	33	360	360	9.36	水权证	（三原）水权（T15）号
16	独李镇张刘九组抽水站	1	30	3	0.04	33	330	330	8.58	水权证	（三原）水权（T16）号
17	独李镇张刘十组抽水站	1	30	1	0.04	33	80	800	20.8	水权证	（三原）水权（T17）号
18	独李镇张刘四组抽水站	1	30	1	0.04	33	360	360	9.36	水权证	（三原）水权（T18）号

续表 3-7

序号	泵站名称	提水级数	装机功率/kW	装机台数/台	设计流量/（m³/s）	设计扬程/m	受益面积/亩 设计	受益面积/亩 实际	水权确权计划/万 m³	确权证形式	证号
19	独李镇张刘一组抽水站	1	30	1	0.04	33	350	350	9.1	水权证	（三原）水权（T19）号
20	独李镇赵渠九组抽水站	1	30	1	0.04	30	300	300	7.8	水权证	（三原）水权（T20）号
21	独李镇赵渠六组抽水站	1	30	1	0.04	33	390	390	10.14	水权证	（三原）水权（T21）号
22	独李镇赵渠七组抽水站	1	30	1	0.04	33	350	350	9.1	水权证	（三原）水权（T22）号
23	陵前镇曹北抽水站	2	59	2	0.03	120	560	560	14.56	水权证	（三原）水权（T23）号
24	陵前镇墩合村抽水站	2	55	2	0.02	160	600	600	15.6	水权证	（三原）水权（T24）号
25	陵前镇樊王沟抽水站	2	22	2	0.01	130	140	140	3.64	水权证	（三原）水权（T25）号
26	陵前镇焦村抽水站	2	50	2	0.017	130	1 100	1 100	28.6	水权证	（三原）水权（T26）号
27	陵前镇四六抽水站	3	71	3	0.03	130	700	700	18.2	水权证	（三原）水权（T27）号

续表 3-7

序号	泵站名称	提水级数	装机功率/kW	装机台数/台	设计流量/（m³/s）	设计扬程/m	受益面积/亩 设计	受益面积/亩 实际	水权确权 计划/万 m³	确权证形式	证号
28	陵前镇一二四抽水站	2	85	2	0.04	121	1 200	1 200	31.2	水权证	（三原）水权（T28）号
29	马额中心范家抽水站	3	152	3	0.04	210	1 100	1 100	28.6	水权证	（三原）水权（T29）号
30	马额中心何家塬抽水站	2	65.5	2	0.023	150	500	500	13	水权证	（三原）水权（T30）号
31	马额中心郑家抽水站	2	135	2	0.04	180	1 000	1 000	26	水权证	（三原）水权（T31）号
32	马额中心新安抽水站	1	110	2	0.022 2	200	800	800	20.8	水权证	（三原）水权（T32）号
33	渠岸镇陆家抽水站	1	30	1	0.04	37	400	400	10.4	水权证	（三原）水权（T33）号
34	渠岸镇仇阳抽水站	1	45	1	0.05	37	120	120	3.12	水权证	（三原）水权（T34）号
35	渠岸镇滇黄抽水站	1	75	1	0.135	30	600	500	13	水权证	（三原）水权（T35）号
36	渠岸镇温家抽水站	1	75	1	0.135	33	1 230	1 000	26	水权证	（三原）水权（T36）号

续表 3-7

序号	泵站名称	提水级数	装机功率/kW	装机台数/台	设计流量/(m³/s)	设计扬程/m	受益面积/亩 设计	受益面积/亩 实际	水权确权计划/万 m³	确权证形式	证号
37	西阳镇光明抽水站	2	97	2	0.08	46	700	700	18.2	水权证	(三原)水权(T37)号
38	新兴镇曹惠抽水站	3	125	3	0.06	140	1 200	1 200	31.2	水权证	(三原)水权(T38)号
39	新兴镇丰王村抽水站	3	117	3	0.04	141	1 000	800	20.8	水权证	(三原)水权(T39)号
40	新兴镇南社抽水站	2	140	2	0.06	150	1 300	1 300	33.8	水权证	(三原)水权(T40)号
41	新兴镇牛安村六组抽水站	3	75	3	0.05	88	300	300	7.8	水权证	(三原)水权(T41)号
42	新兴镇牛安村龙王抽水站	3	147	3	0.044	180	2 000	1 200	31.2	水权证	(三原)水权(T42)号
43	新兴镇塔北抽水站	3	155	3	0.06	135	1 078	1 000	26	水权证	(三原)水权(T43)号
44	新兴镇塔南抽水站	3	130	3	0.04	139	1 450	1 450	37.7	水权证	(三原)水权(T44)号
45	新兴镇王家庄抽水站	2	88	2	0.03	130	800	800	20.8	水权证	(三原)水权(T45)号

续表 3-7

序号	泵站名称	提水级数	装机功率/kW	装机台数/台	设计流量/(m³/s)	设计扬程/m	受益面积/亩 设计	受益面积/亩 实际	水权确权计划/万 m³	确权证形式	证号
46	新兴镇和平杨回抽水站	1	50	1	0.02	130	600	600	15.6	水权证	(三原)水权(T46)号
47	新兴镇新兴村抽水站	1	37	1	0.01	150	150	150	3.9	水权证	(三原)水权(T47)号
48	新兴镇和平村马塬抽水站	1	39	1	0.02	130	150	150	3.9	水权证	(三原)水权(T48)号
49	新兴镇岩尧抽水站	3	700	2	0.21	170	5 000	5 000	130	水权证	(三原)水权(T49)号
50	嵯峨镇靳家抽水站	1	30	1	0.02	80	200	200	5.2	水权证	(三原)水权(T50)号
51	嵯峨镇赵家村南湾抽水站	1	5.5	1	0.02	15	100	100	2.6	水权证	(三原)水权(T51)号
52	嵯峨镇冯村抽水站	1	17	1	0.03		70	70	1.82	水权证	(三原)水权(T52)号
53	嵯峨镇冯村李文龙抽水站	1	10	1	0.02		60	60	1.56	水权证	(三原)水权(T53)号
54	嵯峨镇冯村王民安抽水站	1	13	1	0.02		60	60	1.56	水权证	(三原)水权(T54)号

续表 3-7

序号	泵站名称	提水级数	装机功率/kW	装机台数/台	设计流量/(m³/s)	设计扬程/m	受益面积/亩		水权确权计划/万m³	确权证形式	证号
							设计	实际			
55	嵯峨镇河西村二三组抽水站	1	12	1	0.006 9		260	260	6.76	水权证	(三原)水权(T55)号
56	嵯峨镇河西村四组抽水站	1	7	1	0.04		110	110	2.86	水权证	(三原)水权(T56)号
57	嵯峨镇岳村梁建忠抽水站	1	6	1	0.011 1		80	80	2.08	水权证	(三原)水权(T57)号
58	嵯峨镇岳村马土龙抽水站	1	13.5	1	0.019 4		120	120	3.12	水权证	(三原)水汉(T58)号
	合计		3 944	92	2.943 6		41 461	37 900	985.4		

4）生态用水

生态用水为 949 万 m^3，从泾惠渠西郊水库购买生态补水水量 800 万 m^3，自备井及自来水供水 149 万 m^3。

5）预留水量

预留水量为 420 万 m^3，暂未确权，拟优先供于生活及生态用水。

三、榆阳区水权确权登记

（一）榆阳区基本情况

榆阳区位于毛乌素沙地与黄土高原接壤地带，榆林市中部，总面积 7 053 km^2。近年来，榆阳区大力实施"园区引领、项目带动"战略，不断加快新型工业化进程，初步形成了以煤炭采掘、煤盐化工、装备制造、新材料、新能源为支撑的现代工业产业体系。

榆阳区境内有无定河、秃尾河、佳芦河三大水系，均属黄河一级支流，较大的二级支流有榆溪河、海流兔河，其中无定河、秃尾河、海流兔河属过境河流，榆溪河、佳芦河属境内发源河流。榆阳区境内水资源总量为 6.81 亿 m^3。其中，地表水资源总量为 3.881 亿 m^3，主要由自然降水和河川径流形成，年内分布均匀。地下水资源补给量为 5.268 亿 m^3，二者的重复量为 2.339 亿 m^3。多年平均水资源可利用量为 3.484 亿 m^3，其中地表水可利用量为 2.387 亿 m^3，地下水可开采量为 1.834 亿 m^3，可重复利用量为 0.737 亿 m^3。

（二）榆阳区水权确权登记开展情况

1. 开展分行业水资源分配

将区域用水总量控制指标明确到具体水源。搜集整理榆阳区社会经济、水文水资源、供水与用水现状等资料，以榆阳区 2020 年用水总量控制指标 33 600 万 m^3（自 2019 年起榆阳区用水总量控制指标包括榆神工业区和榆横工业区）为刚性约束，按照优先利用地表水、充分利用非常规水、减少地下水开采的原则，将非常规水源纳入可分配水量，煤矿疏干水计入用水总量控制指标。各水源分配情况见表 3-8。

表 3-8　榆阳区各水源分配水量汇总　　　　单位:万 m³

地表水	地下水	非常规水源		预留水量	水总量控制指标
		中水	矿井疏干水		
16 490	8 141	66	7 285	1 684	33 600(不含中水)

按照《陕西省水权改革试点方案》,以榆阳区可分配水总量为依据,综合考虑用水现状、用水水平提高、未来发展用水需求等因素,参考陕西省《行业用水定额》(DB61/T 943—2020),将地表水、地下水各水源的水量分配到生活、工业、农业、生态等各用水行业,保障城乡居民生活用水,确保生态基本用水,优化配置生产用水,合理预留一定水量,以此作为水权确权的基本依据。

1)生活用水分配

根据榆阳区统计数据,榆阳区 2019 年户籍人口 57.552 4 万人,其中城镇户籍人口 19.647 6 万人,农村户籍人口 37.904 8 万人(部分农村户籍人口暂居在城镇),综合考虑近 3 年生活平均用水总量,则本次生活用水分配水量为 2 993 万 m³,不高于陕西省《行业用水定额》(DB61/T 943—2020)中城镇人均用水量 100 L/(人·d),农村人均用水量 65 L/(人·d)的定额要求。

2)工业用水分配

榆阳区主要是煤矿和化工企业,根据榆阳区近几年的工业增加值预测 2020 年榆阳区工业增加值为 399.64 亿元,取万元工业增加值用水量 25 万 m³,则本次榆阳区工业分配水量为 9 991 万 m³。

3)农业用水分配

农业用水主要包括农田灌溉用水和林牧渔畜用水,其中农田灌溉用水量包括水田、水浇地、菜田用水,林牧渔畜用水量包括林果地灌溉、草场灌溉、鱼塘补水、牲畜用水等。根据 2019 年榆阳区水权确权用水量调查统计结果,依据陕西省《行业用水定额》(DB61/T 943—2020)和当地种植物种类结构核算农业用水分配水量为 19 340 万 m³。

4)生态环境用水

生态环境用水包括河道内生态环境用水和河道外生态环境用水。

河道内生态环境用水在规划工程中已扣除。河道外环境卫生、市政绿化、生态景观用水等,以近 3 年实际平均用水量为基础,通过合理性分析后,考虑优先利用非常规水。本次河道外生态环境分配水量为 330 万 m³。

5) 预留水量

预留水量原则上不超过用水总量控制目标的 5%,本次榆阳区政府预留水量即按照用水总量控制目标的 3%,预留水量约为 1 012 万 m³。

综上所述,各行业用水分配见表 3-9。

表 3-9　榆阳区各行业用水量分配　　　　单位:万 m³

项目	生活用水	工业用水	农业用水	生态用水	预留水量	总量控制指标
水量	2 993	9 991	19 340	330	1 012	33 600

在榆阳区政府支持下,在省、市水资源管理部门的指导下,依据《榆阳区水权确权登记办法》,重点在全区范围内对取用水户开展水资源使用权确权登记,登记各类取水户 192 户,发放了 81 份水资源使用权证。其中,生活用水确权到供水厂或者供水站,农业灌溉用水确权到灌区、乡(镇)或村集体,工业用水确权到企业和供水单位。

2. 榆阳区水权确权登记

1) 生活用水确权

一是城区生活用水确权。城区生活用水确权到榆林市自来水公司供水水源红石峡供水站、榆林高新区供排水有限责任公司等单位,核定生活取水总量 2 094 万 m³,核发了水权证。

二是乡(镇)生活用水确权。乡(镇)生活用水确权到乡(镇)自来水公司、集镇供水站或乡镇办事处。2019 年通过对全区 21 个乡(镇、街道)进行摸底调查,包括各个供水站工程现状、供水人口、供水量、供水范围、供水能力等,以现状居住人口为基础核算各乡(镇)总用水量,并结合近 3 年平均供水量,合理确定确权水量共计 899.29 万 m³。各乡(镇、街道)确权水量如表3-10所示。

表3-10 各乡(镇)人畜用水确权登记

乡(镇、街道)	农村生活用水量 /万 m³	确权水量 /万 m³	水权证编号
小纪汗	38.98	38.98	(2020)20001
岔河则	22.67	22.67	(2020)20002
镇川	50.56	50.56	(2020)20003
鱼河	29.86	29.86	(2020)20004
鱼河峁	57.21	57.21	(2020)20005
上盐湾	71.43	71.43	(2020)20006
芹河	43.34	43.34	(2020)20007
红石桥	35.73	35.73	(2020)20008
补浪河	37.19	37.19	(2020)20009
巴拉素	34.18	34.18	(2020)20010
牛家梁	58.09	58.09	(2020)20011
金鸡滩	45.27	45.27	(2020)20012
麻黄梁	34.10	34.10	(2020)20013
青云	84.75	84.75	(2020)20014
古塔	47.30	47.30	(2020)20015
大河塔	60.47	60.47	(2020)20016
小壕兔	32.19	32.19	(2020)20017
孟家湾	33.25	33.25	(2020)20018
马合	32.49	32.49	(2020)20019
长城路	30.15	30.15	(2020)20020
朝阳路	20.07	20.07	(2020)20021
合计	899.29	899.29	

2) 工业用水确权

对榆阳区工业企业产品类型、近年产量、取水许可水量、现状用水量、取用水计量设施、水资源费征收等进行摸底调查,核定获得取水许可证单位的生产及用水情况,根据确权对象的现状用水量调查统计情况,分析不同确权对象的现状用水水平,核算现状取用水量,发放水权证。

本次对榆阳区独立取水的23家工业企业进行确权(不含煤矿企业,因煤矿企业尚未建设完成,所以暂未确权),分别为榆林市信达通煤炭运销有限公司、榆林市毛乌素饮品销售有限公司、中盐榆林盐化有限公司、华北油气分公司采油气工程服务中心大牛地气田配液站、榆能榆神热电有限公司等。按照取水定额重新核定了取水量,分别向这23家企业发放水权证,核定总水量1 117.55万 m³,具体如表3-11所示。

表3-11 工业企业确权登记统计

序号	企业名称	确权水量/万 m³	取水水源	水权证编号
1	榆林市信达通煤炭运销有限公司	4.96	地下水	20004
2	银河煤业开发有限公司	36.14	地下水/矿井水	20005
3	榆林市毛乌素饮品销售有限公司	0.15	地下水	20006
4	中盐榆林盐化有限公司	148.12	地表水	10005
5	华北油气分公司采油气工程服务中心大牛地气田配液站	49.50	地下水	20007
6	青岛啤酒榆林有限责任公司	60.00	自来水（地表水）	10006
7	陕西陕北乾元能源化工有限公司	110.91	地表水	10007
8	榆林隆源光伏电力有限公司	0.14	地下水	20008
9	西部机场集团榆林机场有限公司	14.29	地下水	20009
10	榆林市牛家梁煤炭集运有限责任公司	3.73	地下水	20010

续表 3-11

序号	企业名称	确权水量/万 m³	取水水源	水权证编号
11	榆能榆神热电有限公司	222.50	地表水/再生水/矿井水	30001
12	陕西腾辉矿业有限公司双山煤矿	15.00	矿井水	20011
13	榆林市千树塔矿业投资有限公司	31.14	矿井水	30002
14	长庆油田分公司第二采气厂	2.20	地下水	20012
15	榆林市焱龙煤炭运销有限公司	4.99	地下水	20013
16	榆林市北源煤焦运销有限公司	6.93	地下水	20014
17	榆林市榆阳区沙漠绿洲饮品有限公司	1.21	地下水	20015
18	陕西有色榆林新材料有限责任公司	352.60	矿井水/地表水	10008/30003
19	陕西榆林红石峡饮品有限公司	6.07	地下水	20016
20	榆林市煤炭科技开发有限公司	30.60	地下水	20017
21	榆阳区金石煤业有限公司	6.63	地下水	20018
22	榆林大漠清泉饮品有限公司	3.91	地下水	20019
23	榆林市皓亦洗选煤有限责任公司	5.83	矿井水	30004

3）农业用水确权

（1）乡（镇）牲畜用水确权。牲畜用水确权到乡（镇、街道）自来水公司、集镇供水站或乡镇办事处。2019 年通过对全区 21 个乡（镇、街道）牲畜种类及总量等进行摸底调查，以现状牲畜总量为基础核算各乡（镇、街道）牲畜总用水量，并结合近 3 年平均供水量，合理确定确权水量共计 791.43 万 m³。各乡（镇、街道）确权牲畜用水量如表 3-12 所示。

表 3-12 乡(镇)牲畜用水确权登记

乡(镇、街道)	牲畜用水量/万 m³	确权水量/万 m³	水权证编号
小纪汗	67.40	67.40	(2020)20001
岔河则	36.29	36.29	(2020)20002
镇川	6.45	6.45	(2020)20003
鱼河	6.61	6.61	(2020)20004
鱼河峁	7.59	7.59	(2020)20005
上盐湾	14.25	14.25	(2020)20006
芹河	65.17	65.17	(2020)20007
红石桥	38.66	38.66	(2020)20008
补浪河	96.57	96.57	(2020)20009
巴拉素	46.01	46.01	(2020)20010
牛家梁	23.85	23.85	(2020)20011
金鸡滩	30.38	30.38	(2020)20012
麻黄梁	16.68	16.68	(2020)20013
青云	12.77	12.77	(2020)20014
古塔	8.00	8.00	(2020)20015
大河塔	13.10	13.10	(2020)20016
小壕兔	101.64	101.64	(2020)20017
孟家湾	97.72	97.72	(2020)20018
马合	99.96	99.96	(2020)20019
长城路	0.66	0.66	(2020)20020
朝阳路	1.69	1.69	(2020)20021
合计	791.43		

(2)农业灌溉用水。

农业灌溉用水包括国营灌区灌溉用水,乡镇农业灌溉用水和其他农业灌溉用水,现分述如下:

　　国营灌区灌溉用水确权。在调查灌区基本情况基础上,按照取水许可总量控制指标、取水许可管理权限和程序向榆林市榆阳区城郊林场、榆阳区三岔湾渠管理处、榆阳区榆高渠管理处和榆阳区榆东渠管理处等国营灌区核发水权证,核定发放水权证总水量 871 万 m³,灌溉面积 3.65 万亩。

　　乡镇农业灌溉用水确权。水权证发到各乡(镇、街道),核定 21 个乡(镇、街道)农业灌溉用水量共计 16 882.83 万 m³,见表 3-13。以取水项目为单位,健全用水制度,核定取水量,纳入水权确权登记管理。

表 3-13　乡(镇、街道)农业灌溉用水确权登记

乡(镇、街道)	农业灌溉用水量/万 m³	确权水量/万 m³	水权证编号
小纪汗	1 943.31	1 943.31	(2020)10001
岔河则	632.32	632.32	(2020)10002
镇川	166.21	166.21	(2020)10003
鱼河	176.46	176.46	(2020)10004
鱼河峁	218.86	218.86	(2020)10005
上盐湾	194.97	194.97	(2020)10006
芹河	1 207.26	1 207.26	(2020)10007
红石桥	2 097.16	2 097.16	(2020)10008
补浪河	2 888.36	2 888.36	(2020)10009
巴拉素	1 803.52	1 803.52	(2020)10010
牛家梁	571.27	571.27	(2020)10011
金鸡滩	754.39	754.39	(2020)10012
麻黄梁	198.66	198.66	(2020)10013
青云	131.66	131.66	(2020)10014
古塔	128.62	128.62	(2020)10015
大河塔	293.12	293.12	(2020)10016
小壕兔	1 013.71	1 013.71	(2020)10017
孟家湾	1 074.68	1 074.68	(2020)10018
马合	1 094.54	1 094.54	(2020)10019
长城路	195.51	195.51	(2020)10020
朝阳路	98.24	98.24	(2020)10021
合计	16 882.83	16 882.83	

其他农业灌溉用水确权。向榆林市中翼农业开发有限责任公司、陕西榆林沃田农业开发有限公司、榆林市明杰农业开发有限公司、大志农业科技发展有限公司等 9 家公司发放水权证。核定总水量 794 万 m³, 涉及灌溉面积 3.97 万亩。

四、洛川县水权确权登记

(一)洛川县基本情况

洛川县地处渭北黄土台塬与陕北高塬的接壤过渡地带,位于延安市南部,全县总面积 1 804.84 km², 共辖 8 镇 1 个街道办事处,总人口 22.06 万人,其中农业人口 16.1 万人。210 国道、304 省道、包茂高速、青兰高速和西延铁路穿境而过,是连接关中和陕北的重要枢纽。全县年均降水量 558 mm, 水资源总量 5 300 万 m³, 人均水资源占有量 237 m³, 仅占全国人均值的 10.8%、全省人均值的 21%、全市人均值的 39%。目前仅有拓家河一座中型水库,吴家河、安生沟两座小型水库和两水河一座调蓄水库,总蓄水能力 2 101 万 m³, 资源性缺水、工程性缺水、季节性缺水、高峰期缺水并存,特别是干旱季节显得尤为突出,对群众生活、生产造成严重威胁。同时随着新型城镇化的快速发展和果园节水灌溉面积的大幅增加,经济社会各业对水资源的需求越来越多,水资源在经济社会发展中的地位越来越重要。近年来,洛川县在"果畜富民、工业强县、城乡统筹、协调发展"进程中,经济增长与水资源紧缺之间的矛盾日益突出,尤其是果园灌溉与城镇供水、人畜饮水矛盾十分突出,农业粗放生产方式还未转变,水资源利用效率和效益不高,水资源短缺成为制约全县经济社会发展的主要因素。为此,县委、县政府多年来始终坚持系统思维,统筹协调发展,紧紧围绕"抓水源,破解瓶颈;抓供水,紧贴民生;抓灌溉,跟进产业;抓水保,固沟保塬;抓项目,强基固本;抓管理,提质增效"的工作思路,全县上下团结一心,全面发展,提速升级,水利基础设施建设快速发展,水利建设为全县经济社会发展提供了必要保障。

(二)洛川县水权确权登记开展情况

1.严格执行用水总量控制

延安市下达洛川县2017年、2018年、2019年、2020年用水总量控制指标分别为3 035万m³、3 746万m³、4 427万m³、5 180万m³。通过用水量调查统计、用水水平分析、需水量预测、水资源承载能力分析、节约用水指标分析,综合考虑管道损失、灌溉水利用系数、节水器具普及率、经济用水、河道内外生态环境需水、地下水保护约束、枯水期以及枯水年对水功能区限制纳污指标的影响、用水效率的提高对排入水功能区水量的影响和再生水回用对水功能区纳污能力的影响等因素,以枯水年需水量和水资源承载能力为基本依据,将吴家河、拓家河、土基、石头4个供水系统分系统提出2017年、2018年、2019年、2020年用水总量控制指标和水权分配方案,见表3-14。

表3-14 分供水系统各规划年初始水权分配指标 单位:万m³

年度	吴家河供水系统		拓家河供水系统		土基供水系统		石头供水系统		合计
	分配水量	政府储备	分配水量	政府储备	分配水量	政府储备	分配水量	政府储备	
2017	232	26	784	87	142	16	347	39	1 673
2018	254	28	748	83	141	16	343	38	1 651
2019	288	32	727	81	148	16	340	38	1 670
2020	358	40	690	77	158	18	344	38	1 723

注:拓家河供水系统应按照首保生活供水的原则,在南沟门水库引水和李家河水库未实施到位时优先保证县城供水290万m³/年的水权分配指标,考虑到丰水年灌溉用水大幅减少和洛川群众灌溉习惯可基本保障用水需求,若不足可按剩余水量"以供定需"进行初始水权分配。

2.分类进行确权发证

以拓家河供水系统为重点,在取用水总量控制指标、分年度取水许可水权分配指标范围内,明确生活用水(包括县城供水)、生态用水和小规模畜牧养殖业、工业及建筑业、第三产业用水只参与供水系统内行业用水指标分配,不参与确权登记。参与确权登记的为:农业灌溉用水权确权到各抽水灌区、农民用水协会或村集体,规模以上畜牧养殖业、工业及建筑业、第三产业用水确权到企业和大户。具体按照以下 5 个步骤进行确权发证。

1)用水量分析调查

供水单位根据用水户台账、收费系统,区分生活、灌溉、畜牧养殖业、工业及建筑业、第三产业、生态 6 类用水,针对确权对象分析近 3 年平均用水量,对于新增用户或数据不全的可通过现场调查获得数据。

2)节约用水分析调查

根据系统内综合规划和行业规划,分析供水系统管网漏损率减小、节水器具普及率增大、灌溉水利用系数提升、万元用水量减小等可能带来的节水潜力。

3)确定水资源使用权

根据“以水定规模、以水定发展”的要求,按照生活优先,兼顾工业、农业、第三产业和生态的原则确定各个用水户的用水水权。

4)水量平衡与衔接

统筹考虑县级下达取水总量和耗水控制指标,对确定的水资源使用权在供水系统内进行水量平衡与衔接,最终确定供水系统内用水户水权。

5)水权证发放

经供水系统管理单位公示、登记后,发放由陕西省水利厅监制的水权证,证书由县行政主管部门和供水系统管理单位进行电子登记。水权证载明用水户的最大用水量、用水方式、有效期等,证书有效期为 3 年。

根据以上工作原则和步骤,洛川县农业灌溉用水权确权发证到各抽水灌区、农民用水协会或村集体共计 12 本,确权面积 18.9 万亩,向试点区拓家河灌区农户发放水权证 2 230 本。

第二节　确权登记数据库建设

　　4个试点县(区)均委托中国水权交易所开发了水权确权登记数据库,具备水权证登记、取水权登记、实际用水等功能模块,根据水资源确权对象、确权范围,分类设定,逐步完善。水权证模块包括取水权人名称、村名、权证亩数、灌溉总面积、年水权分配额、水源类型、证书状态等信息;取水权模块包括取水权人名称、取水许可证编号、年取水总量、审批机关、水源类型、取水方式、取水地点、取水用途等信息;实际用水模块能够实现生活、工业、农业、生态、灌区等不同行业用水信息的即时录入。在中国水权交易所技术指导下,对区域用水总量控制指标、水资源确权数据、用水户协会和主要农户用水、工业企业用水等信息进行了采集,建立了互联互通、实时共享的水资源使用权确权登记数据库并实现实时动态更新和维护。数据库整合了地表水、地下水资源信息,能够开展水资源综合平衡和统计分析,为水权交易流转提供服务,保障水权交易流转的有序进行。

第四章　陕西水权交易实践创新

　　平台的搭建和数据库的建立,为水权交易工作奠定了基础。为培育水权交易市场,规范水权交易行为,陕西省结合实际,制定了《陕西省水权交易管理办法》。试点县(区)结合确权工作的开展,积极探索不同形式的水权交易活动,均取得了一定成效。其中,白水县培育开展了3起水权交易;三原县培育开展了2起水权交易活动,培育具有水权流转特征的购水活动1起;榆阳区积极探索开展矿井疏干水的确权及水权交易工作,但由于煤矿疏干水确权较为复杂,暂时不具备开展水权交易的条件;洛川县是个典型的农业县和旱塬地区,大规模种植苹果,大部分果园实行了暗管输水、一园一表计量,基本采用龙头入园、滴管、微灌等灌溉方式,节水效果明显,未产生水权交易。水权交易典型的成功案例有以下几种。

第一节　农业用水户之间的水权交易

　　一、陕西省泾惠渠灌溉管理中心与三原县清惠渠管理工作站就农业用水水权发生的交易

(一)交易背景

　　陕西省泾惠渠灌溉管理中心通过实施灌区节水改造,有效提高了灌溉水利用效率,同时泾惠渠灌区三原县各乡镇农村供水水源由机井改为县城自来水延伸供水,部分替代的人饮机井投入农业灌溉,故陕西省泾惠渠灌溉管理中心有结余水量可用于流转。三原县清惠渠管理工作站因冯村水库水源供于县城及农村生活,灌区水源不足,需要流转调入水量。基于以上因素,经三原县水利局协调,陕西省泾惠渠灌溉管理中心同意在泾惠渠灌区向三原县配水总量不变的前提下,将结余水量

部分水权转让给三原县清惠渠管理工作站,以支持"旱腰带"区的抗旱灌溉用水需求。

(二)交易水量

泾惠渠灌区原有供水站供水人口 12 万人,取用机井水源 220 万 m^3/a,供水水源置换后,全部投入灌溉,泾惠渠灌区地表水结余 220 万 m^3,同时 2010 年以来三原县政府及泾惠渠灌溉管理中心组织了灌区渠系改造项目,年节约用水 300 万 m^3 以上。在结余水量及节约水量基础上,根据陵前南塬项目区 1.4 万亩农田抗旱灌溉需求,确定交易水量 315.15 万 m^3/a。

(三)交易期限

根据泾惠渠灌溉管理中心管理要求,结合抗旱灌溉项目区的实际情况,同时考虑到农作物种植结构调整,双方确定交易期限 5 年(2019 年 1 月至 2024 年 12 月)。期满后根据实际情况续签。

(四)受让方取水地点及取水方式

泾惠渠一支渠 14+832 处北岸(西阳镇正风村城南堡北)、15+300 处(西阳镇五泉村南)北岸,取水方式为抽水。

(五)交易价格及结算方法

执行泾惠渠灌溉管理中心骨干工程水价 0.114 元/m^3,按照泵站抽水流量及抽水时间计算水量,结算交易水费。

(六)供水时段

每次用水前三原县清惠渠管理工作站提前告知陕西省泾惠渠灌溉管理中心,陕西省泾惠渠灌溉管理中心将三原县清惠渠管理工作站用水纳入配水计划,按计划供给。

(七)水权交易效益

交易水量用于三原县西阳镇五泉村、五联村,陵前镇柴家窑村、口外村、墩台村、铁家村 1.4 万亩农田灌溉,解决了三原县西阳镇、陵前镇塬坡地带灌溉水源不足的问题,促进了当地农业产业发展和生态环境改善,遏制了当地地下水资源过度开发局面,实现了水资源的科学合理调度。

二、渭南市白水县水管中心与白水牧原农牧有限公司发生的水权交易

白水县水管中心确权水量 332.76 万 m³,由于供水片区内供水管网正在施工,用水规模尚未达到规划用水量,实际用水量为 90 万 m³,尚有富余水量。白水牧原农牧有限公司的白水八场,未包含在水权确权范围内。结合白水县水管中心的实际用水情况以及白水县水管中心水权证的有效期,交易期限暂定为 1 年;交易价格 0.50 元/m³,交易水量 16.43 万 m³,交易金额 8.215 万元,取水水源为雷村集中供水工程。根据白水县现状用水及水资源条件,通过水权交易的方式解决了白水牧原农牧有限公司的用水问题,并且在严控增量的前提下,盘活了水资源存量,提高了水资源利用效率和效益。

三、白水县灌区与种植大户的水权交易

白水县灌区通过节约用水措施的应用,把节约的水资源转让给适度规模化栽植苹果的用户。21 世纪以来,白水县大力发展适度规模化标准果园建设,大片大片的果园如雨后春笋般发展,灌溉量要求逐年递增。由于极度缺水,过去旧的灌溉方式发生了根本变化,高效滴水灌溉成为常态化,白水县高效灌溉面积 13.5 万亩,小农户种植变为大规模种植的股东,林皋镇、杜康镇灌区几乎都变为苹果种植大户的灌溉区,几十家果业公司按照产业融合的方式,通过租赁土地和果农土地入股的方式规模化种植矮砧密植的现代化苹果园,灌溉用水几乎全部从农户转向种植大户,灌区就有了把水权转让给种植大户的条件。灌区按照市场需求有条件地转让水权,通过灌区发放水权证到各种植大户,确定交易规模。

第二节　农业与工业之间的水权交易

具体案例为:白水县农业用水户与工业企业间的水权交易。渭南市白水县农业用水户通过高效滴水灌溉,节约大量的水资源,通过政府

指导、市场运作,按照制定的水权交易办法,转让给工业企业,实现招商引资和工业强县的目标。白水县村镇供水范围内有4家企业(2家食品加工企业、1家中药加工企业、1家果汁加工企业)需要用水,按照水权试点的规划,通过水权转让,把农业灌溉节约的水转让给工业用水,对4家企业用户办理二级取水许可手续。交易水量 23.24 万 m^3,通过签订协议进行,水权转让价包含在水费之中。

第三节　农业用水与生活用水之间的水权交易

具体案例为:嵯峨镇冯村村民委员会与三原县清惠渠管理局就农业用水与城乡生活用水之间发生的水权交易。

(1)交易背景:嵯峨镇冯村村民委员会一、五、八组机井灌溉面积1 000亩,该村3眼机井单井出水量 30~50 t/h,确权水量20万 m^3。经实施节水灌溉工程后,年节省水量3万 m^3 以上。当地地下水水质优良,符合饮用水水质要求。而清惠渠管理工作站向自来水公司供应原水过程中,水源相对紧缺,尤其是缺乏低成本浅层地下水源。双方自愿达成补充供水协议,该水事行为属于水权交易的范畴,在水利局指导和培育下,双方按照"政府引导,双方自愿,公平公正,规范有序"的原则开展了水权交易试点,达成水权交易协议。

(2)交易水量:3万 m^3/年。

(3)交易期限:按照水资源使用权证有效期限规定,同时考虑到交易过程中双方需求变化等因素,确定交易期限为3年(2019年5月至2022年4月)。计划期满后补充完善有关条款再行续签。

(4)取水位置:三原县清惠渠管理工作站从冯村一、五、八组机井井口用管道接水向冯村水厂供水。

(5)交易价格及结算方法:交易价格由双方协商确定,主要构成为动力费、看护人员工资、维修费及其他,其中动力费 0.10 元/m^3,看护人员工资 0.15 元/m^3,维修费及其他 0.05 元/m^3,合计 0.3 元/m^3。实施中按照抽水流量及抽水时间计算水量,结算交易水费。

(6)效益:该交易按照节水优先、优水优用的原则,通过交易,最大程度地利用了冯村当地优质水源,提高了水资源利用效率和效益。

第四节　农业用水与生态用水之间的水权交易

具体案例为:陕西省泾惠渠灌溉管理中心与三原县水利局就节约农业用水用于生态补水的水权流转。

(1)灌溉水源节省情况:三原县城镇发展及公共设施建设用地在泾惠渠灌区占用灌溉面积 1 万亩,减少农业用水量 300 万 m³。同时,泾惠渠灌区进行节水改造后节省大量用水指标。

(2)生态补水需求:清河三原县城段断流河段长 5 km,县城以下段河道流量基本为污水厂排放水量,水功能区水质达标率低。为改善清河水环境质量,三原县需要调配客水补充生态基流。

(3)协议签订:2018 年 8 月,陕西省泾惠渠灌溉管理中心与三原县水利局就清河生态补水事宜签订协议。在协议期限确定方面,考虑到三原县城污水处理厂提标改造完成后,生态补水需求将发生变化,双方协商后确定协议期限 2 年。2020 年 8 月已经续签。

(4)生态补水量:补充流量 0.4~1.0 m³/s,每月补水不少于 15 d,年补水量 600 万 m³ 以上。

(5)生态补水价格:参照泾惠渠灌区供水成本及向其他县(区)城镇供水价格,经协商,确定流转水价 0.5 元/m³。

(6)效益:将节省的农业灌溉用水置换为生态补水,解决了清河三原城区段 5 km 河道长期断流问题及县城下游 22 km 河道水质差问题,有力地改善了清河水环境质量,恢复了河道生态功能,得到了广大干部群众的认可。

第五章　陕西水权交易平台建设

第一节　水权交易平台建设必要性

党中央、国务院的一系列决策部署是为了加快培育水权市场,而水权交易平台建设可为水权市场的发展提供支撑,也有助于规范水权交易行为,同时也是落实最严格水资源管理制度、满足水权交易实践的现实需求。

第二节　水权交易平台介绍

陕西省使用的水权交易系统是由中国水权交易所开发的。中国水权交易所在充分借鉴国内外各类交易所交易系统建设经验的基础上,自主开发的水权交易系统,应用云计算、大数据、移动互联等新技术,采用面向服务的体系架构(SOA)设计,基于云平台进行系统部署,根据水权交易频度和并行用户规模自动配置云平台的软硬件资源,在不间断运行的环境下实现动态扩展和分配,能够在大规模用户并发、高吞吐量交易数据的业务环境下高效运行。同时该系统能够提供灵活可变的结构,具有良好的可拓展性,可根据业务发展完成系统扩展与升级。

水权交易系统由用户注册与管理子系统、水权交易子系统、资金结算子系统、综合查询子系统、交易审核子系统和灌溉用水户手机 APP 等 6 个子系统组成,实现了水权交易所有流程和环节的全覆盖。针对区域水权交易,取水权交易开发了协议转让、公开交易两个并行流程,实现了公开挂牌、单向竞价、网上结算、成交公示等交易功能。针对灌溉用水户水权交易开发了手机 APP 交易流程,通过同一灌区多用户集中竞价产生交易指导价,用户确认指导价后撮合交易,形成由协议转让、公开交易、手机 APP 3 套交易流程构成的在线水权交易系统。

　　水权交易参与人一是在中国水权交易所门户网站(www. cwex. org. cn)水权交易系统入口注册登录(见图 5-1),根据水权交易业务要求,注册用户分为机构用户、企业用户和个人用户(含农民用水者协会)。不同用户按照赋予的角色使用水权交易模块。二是从陕西省水利厅门户网站(见图 5-2)进入。

图 5-1　中国水权交易系统登录界面

图 5-2　陕西省水权交易系统登录界面

　　用户注册除填写基本信息外,还需提供机构、企业、个人有关身份证件以保证用户的真实性,降低交易潜在风险。成功注册的用户还需设置专用结算账户,用于交易保证金、交易价款划转,中国水权交易所在得到用户授权后可实时查询用户账户出入金信息。

第三节　水权交易机制与运作方式

目前陕西省已有的水权交易行为是在当地水利(务)局指导和培育下,双方按照"政府引导,双方自愿,公平公正,规范有序"的原则开展水权交易试点,双方通过协商签订交易协议,明确交易水量、交易期限、取水地点及取水方式、交易价格及结算方法等。交易各方一般应以交易平台或者其他具备相应能力的机构评估价为基准价格,进行协商定价或者竞价,也可以直接协商定价。交易价格应根据补偿节约水资源成本、合理收益的原则,综合考虑节水投资、计量监测设施费用等因素确定。

国家层面为了推动水权改革,2016年由水利部和北京市政府联合发起设立了国家级水权交易平台,成立了中国水权交易所。该所主要负责组织引导符合条件的用水户开展经水行政主管部门认可的水权交易,以及开展交易咨询、技术评价、信息发布、中介服务、公共服务等配套服务。为进一步推进陕西省水权改革,陕西省水利厅请中国水权交易所协助在水利厅官网布设了水权交易系统。

监管机制建设方面,各试点区根据省级出台的《陕西省水权交易管理办法》《陕西省水权确权登记办法》,结合各地实际情况,出台了有关的管理办法或实施细则,通过各类制度规范和引导水权改革工作开展。同时搭建水权交易平台,通过政府和市场两手发力,建立监管制度,使各取用水户之间可以通过权威、专业的平台,将节约的水资源有偿转让,政府也可进行集中收储,对水资源进行再优化配置,实现规范化的水权流转。定期不定期地对供水管理单位、灌区管理单位、自备井取水户进行监督检查;开展取用水户的在线监测,完善监控计量设施。

第六章　结论与展望

第一节　结　论

一、水权改革总体进展情况

各试点地区按照试点总体要求、试点任务和内容,编制本地区水权试点方案,报水利厅审查后,由试点县(区)人民政府批复执行。经过3年多努力,榆林市榆阳区、延安市洛川县、渭南市白水县、咸阳市三原县4个试点县(区)完成了水资源分配和确权登记工作,开发了水权确权登记数据库,搭建了水权交易平台,能够满足在线交易的需要。

榆林市榆阳区以矿井疏干水为重点,进一步摸清了全区水资源家底。初步建立了水权制度体系,为完善水权管理和开展水权交易提供了政策依据和基础条件。厘清了水权收储转让的关键环节及实施步骤,出台了相关制度文件,为后续开展水权收储转让奠定了基础。借助水权试点,提高了计量设施安装率,推动了水资源精细化、规范化管理。

延安市洛川县初步建立了水权制度体系,为完善水权管理和开展水权交易提供了政策依据和基础条件。全县灌区从供水源头到农户田间全部安装了计量设施,农户田间全部实行了一园一表、精准计量,灌区自动化计量灌溉面积达到18.28万亩,占灌区确权面积的96.72%。建成高效节水示范片区,通过示范带动作用探索了一条适合洛川产业结构的节水新途径,实现从粗放式管理向高效节约利用转变。通过水权改革试点为水资源精细化管理奠定了良好基础。

渭南市白水县在水权改革中严格权属管理,按照"多证合一、一户一证"的原则,从严核定许可水量,重新核发或换发取水许可证。采取灌溉面积和灌溉定额"双控制"合理确定农业水权额度。其中,以法定承包灌溉面积和用水源可以灌溉的面积作为开展水权确权的灌溉面积;以苹果为主,综合考虑其他灌溉作物类别、节水水平等因素,核定灌溉定额。将水权改革与节水型社会建设、最严格水资源管理制度落实紧密结合,发挥组合拳作用。

咸阳市三原县以县域用水总量控制指标为刚性约束,分级分类分保证率,确权到行业到用水户。参照陕西省《行业用水定额》(DB61/T 943—2020),结合三原县实际情况,因地制宜确定不同用水标准,保证各用水户分配的水量与实际用水现状、经济社会发展规划相一致。按照"政府引导、双方自愿、公平公正、规范有序"的原则,积极培育水权交易对象,引导开展水权交易。积极探索了农业向生态、农业向生活、农业向农业等不同类型水权交易模式和实施路径,为后续交易提供了示范和借鉴。交易试点实施解决了渭北"旱腰带"地区1.4万亩抗旱灌溉水源问题,有效地遏制了当地地下水资源过度开发的局面,有力地改善了河道水环境质量,产生了较为明显的社会效益和生态效益。

陕西省水利厅于2020年12月31日印发《关于水权制度试点县(区)通过验收的通知》,咸阳市三原县、渭南市白水县、延安市洛川县、榆林市榆阳区均通过水权试点验收。

(一)用水权交易和监管机制取得积极进展

目前,陕西省已有的水权交易行为是在当地水利(务)局指导和培育下,双方按照"政府引导、双方自愿、公平公正、规范有序"的原则开展水权交易试点,双方通过协商签订交易协议,明确交易水量、交易期限、取水地点及取水方式、交易价格及结算方法等。交易各方一般应以交易平台或者其他具备相应能力的机构评估价为基准价格,进行协商定价或者竞价,也可以直接协商定价。交易价格应根据补偿节约水资源成本、合理收益的原则,综合考虑节水投资、计量监测设施费用等因素确定。监管机制建设方面,各试点区根据省级出台的《陕西省水权交易管理办法》《陕西省水权确权登记办法》,结合各地实际情况,出台了有关的管理办法或实施细则,通过各类制度规范和引导水权改革工作开展。同时搭建水权交易平台,通过政府和市场两手发力,建立监管制度,使各取用水户之间可以通过权威、专业的平台,将节约的水资源有偿转让,政府也可进行集中收储,对水资源进行再优化配置,实现规范化的水权流转。定期不定期对供水管理单位、灌区管理单位、自备井取水户进行监督检查;开展取用水户在线监测,完善监控计量设施。水权交易典型的成功案例有以下几种:

一是三原县嵯峨镇冯村村民委员会与三原县清惠渠管理工作站就农业用水与城乡生活用水之间发生的水权交易。嵯峨镇冯村村民委员会一、五、八组机井灌溉面积 1 000 亩,该村 3 眼机井单井出水量 30~50 t/h,确权水量 20 万 m³。经实施节水灌溉工程后,年节省水量 3 万 m³ 以上。当地地下水水质优良,符合饮用水水质要求。而清惠渠管理工作站向自来水公司供应原水过程中,水源相对紧缺,尤其是缺乏低成本浅层地下水源。双方自愿达成补充供水协议,该水事行为属于水权交易的范畴,在水利局指导和培育下,双方按照"政府引导、双方自愿、公平公正、规范有序"的原则开展了水权交易试点,达成水权交易协议。交易水量为 3 万 m³/年。按照水资源使用权证有效期限规定,同时考虑到交易过程中双方需求变化等因素,确定交易期限为 3 年(2019年 5 月至 2022 年 4 月)。计划期满后补充完善有关条款再行续签。交易价格由双方协商确定,主要构成为动力费、看护人员工资、维修费及其他,其中动力费 0.10 元/m³,看护人员工资 0.15 元/m³,维修费及其他 0.05 元/m³,合计 0.3 元/m³。实施中按照抽水流量及抽水时间计算水量,结算交易水费。通过交易,最大程度地利用了冯村当地的优质水源,提高了水资源的利用效率和效益。

二是陕西省泾惠渠灌溉管理中心与三原县清惠渠管理工作站就农业用水水权发生的交易。陕西省泾惠渠灌溉管理中心通过实施灌区节水改造,有效提高了灌溉水利用效率,同时泾惠渠灌区三原县各乡(镇)农村供水水源由机井改为县城自来水延伸供水,部分替代的人饮机井投入农业灌溉,故陕西省泾惠渠灌溉管理中心有结余水量可用于流转。三原县清惠渠管理工作站因冯村水库水源供于县城及农村生活,灌区水源不足,需要流转调入水量。基于以上因素,经三原县水利局协调,陕西省泾惠渠灌溉管理中心同意在泾惠渠灌区向三原县配水总量不变的前提下,将结余水量部分水权转让给三原县清惠渠管理工作站,以支持"旱腰带"地区抗旱灌溉用水需求。泾惠渠灌区原有供水站供水人口 12 万人,取用机井水源 220 万 m^3/年,供水水源置换后,全部投入灌溉,泾惠渠灌区地表水结余 220 万 m^3,同时 2010 年以来三原县政府及泾惠渠管理工作站组织了灌区渠系改造项目,年节约用水 300 万 m^3 以上。在结余水量及节约水量基础上,根据陵前南塬项目区 1.4 万亩农田抗旱灌溉需求,确定交易水量 315.15 万 m^3/年。根据泾惠渠灌溉管理中心管理要求,结合抗旱灌溉项目区实际情况,同时考虑到农作物种植结构调整,双方确定交易期限 5 年(2019 年 1 月至 2024 年 12 月)。交易价格及结算方法:执行泾惠渠灌溉中心骨干工程水价 0.114 元/m^3,按照泵站抽水流量及抽水时间计算水量,结算交易水费。

三是渭南市白水县水管中心与白水牧原农牧有限公司发生的水权交易。白水县水管中心确权水量 332.76 万 m^3,由于供水片区内供水管网正在施工,用水规模尚未达到规划用水量,实际用水量为 90 万 m^3,尚有富余水量。白水牧原农牧有限公司的白水八场,未包含在水权确权范围内。结合白水县水管中心的实际用水情况以及白水县水管中心水权证的有效期,交易期限暂定为 1 年;交易价格 0.50 元/m^3,交易水量 16.43 万 m^3,交易金额 8.215 万元,取水水源为雷村集中供水工程。根据白水县现状用水及水资源条件,通过水权交易的方式解决了白水牧原农牧有限公司的用水问题,并且在严控增量的前提下,盘活了水资源存量,提高了水资源利用效率和效益。

四是白水县农业用水户与工业企业间的水权交易。渭南市白水县农业用水户通过高效滴水灌溉,节约大量水资源,通过政府指导、市场运作,按照制定的水权交易办法,转让给工业企业,实现招商引资和工业强县的目标。白水县村镇供水范围内有 4 家企业(2 家食品加工企业、1 家中药加工企业、1 家果汁加工企业)需要用水,我们按照水权试点的规划,通过水权转让,把农业灌溉节约的水转让给工业用水,对 4 家企业用户办理二级取水许可手续。交易水量 23.24 万 m^3,通过签订协议进行,水权转让价包含在水费之中。

五是陕西省泾惠渠灌溉中心与三原县水利局就节约农业用水用于生态补水的水权流转。鉴于陕西省泾惠渠灌溉中心有结余水量可用于流转,清河三原县城段断流河段长 5 km,县城以下段河道流量基本为污水厂排放水量,水功能区水质达标率低。为改善清河水环境质量,陕西省泾惠渠灌溉中心与三原县水利局就清河生态补水事宜签订协议。参照泾惠渠灌区供水成本及向其他县(区)城镇供水价格,经协商,确定流转水价 0.5 元/m³。通过水权交易,有力地改善了清河水环境质量,恢复了河道生态功能,得到了广大干部群众的认可。

(二)农业水价综合改革取得积极进展

按照"出台方案、夯实基础、政策配套、探索试点、稳妥推进"的原则,一是配合陕西省政府办公厅印发了《关于推进农业水价综合改革的实施意见》(陕政办发〔2017〕67 号),明确提出用 5 年左右时间完成农业水价综合改革任务,建立健全农业水价形成机制和财政资金精准补贴与节水奖励机制,夯实农业水价综合改革基础工作。二是落实大型灌区高扬程抽水电费和末级渠系费用补贴 1.2 亿元,制止了末级渠系乱加价、乱收费现象。三是完善了大型灌区供水计量设施。争取财政投资 3 100 万元,对 7 323 座斗渠量水设施和 1.8 万处田间分渠计量标尺进行了新建或维修改造,做到了大型灌区斗以下量水设施"双标尺、同计量、全覆盖"。四是出台了农业水价综合改革系列配套文件。印发了《关于扎实推进我省农业水价综合改革的通知》《陕西省大中型灌区农业供水价格管理办法》《陕西省大中型灌区农业水费收缴管理办法》《关于推进大型灌区水权改革工作的通知》《陕西省农业水价综合改革五年工作安排》《陕西省农业水价综合改革工作绩效评价办法》等配套文件,奠定了农业水价综合改革政策基础。五是按照"成本定价、用水户实际负担定价、维持现行终端水价"三种改革试点模式,选取东雷一黄、羊毛湾、宝鸡峡、交口、桃曲坡等 5 个灌区 50 万亩灌溉面积,进行农业水价综合改革试点,做到"水价定价明确、精准补贴落实、水权分配到户、计量设施完善、基层组织健全",按照灌季、年度分别进行小结和总结,探索适合陕西省可复制、易推广的农业水价综合改革模式,在全省大型灌区逐步推开。

(三)渭河水流产权确权试点工作顺利进行

渭河水流产权确权试点被列入国家试点,我们全力推进。2017 年

1月14日陕西省政府成立了省水流产权确权试点工作领导小组,联合编制《陕西省渭河水流产权确权试点实施方案》,于9月11日经过了水利部、国土资源部和陕西省政府联合批复。进一步细化工作,对接国土厅,联系财政厅,审查了《陕西省渭河水域、岸线水生态空间确权登记实施方案》,落实工作经费,明确了试点任务分工。扎实做好确权试点前期准备工作,完成了渭河生态区界线划定和插桩亮界工作,组织开展了试点范围内的摸底调查。选择杨凌示范区作为渭河水流产权确权试点工作省级示范点,为以点带面打好基础。组织召开了渭河水流产权确权试点工作会,印发《陕西省渭河生态区建设总体规划》,确定了渭河生态区范围西起渭河陕西与甘肃交界处,东至渭河潼关入黄口,横向边界沿渭河两岸堤防向外侧按城市核心区(建成区)200 m、城区段(规划区)1 000 m、农村段1 500 m作为渭河生态区控制范围,划定了河道保护区、堤防保护区、堤外一级保护区、堤外二级保护区的渭河生态区功能区划。依托国家渭河水域、岸线等水生态空间确权试点,同步开展入渭主要支流的水生态空间确权试点,参照《陕西省河道管理条例》,支流划界范围从两边河岸向外各延伸30~50 m以上。特别是在水灾害频发区、人口聚集区、城镇产业区,尽可能使岸线向后退,留足将来的生态空间。

(四)以引汉济渭工程建设为契机进行跨流域和区域水权制度探索

引汉济渭工程是国务院确定的172项重大水利工程之一,是陕西省全局性、战略性、基础性、公益性水资源配置工程。引汉济渭工程的建设,一方面缓解关中地区的生活和生产供水压力,为关中城市群提供水资源保障;另一方面有效地增加了黄河流域的水资源总量,为黄河潼关以下河段增加了河道基流,也为置换黄河用水指标创造了条件。为了研究引汉济渭调入水量可置换黄河取水指标、水权置换的管理制度体系、具体实施方案等内容,委托技术单位开展了陕西省引汉济渭水权置换关键技术研究,邀请全国知名专家对成果进行了审查,认为课题研究方法得当,成果符合陕西黄河流域实际。研究成果为引汉济渭调水后置换黄河用水指标提供了技术支撑。

二、水权改革的困难和问题

(一)水利部门和社会公众认识有待提升

水权制度建设不仅对水行政管理部门人员来说是一项全新的工作,对社会公众来讲更是一项新生事物,水资源管理部门和社会各界对水权制度建设的意义、水权制度建设中政府与市场关系等问题还存在不同认识:有的认为在现阶段推进时机不成熟,会使正在开展的总量控制指标分解和水量分配面临阻力;有的认为应当加快推进水权确权登记,与最严格管理等行政手段相互配合,更好地优化配置水资源。应以多种方式和途径加大水权改革政策法规的宣传力度,提高全社会对水权工作的认知度和关注度,赢得社会各界对水权试点的理解和支持,积极引导取用水户和广大群众参与到水权改革工作中来,努力营造全社会支持水权改革工作的良好氛围。

(二)水权交易基础较为薄弱

开展水权确权、完善计量监测设施是培育水权交易市场,促进水权交易的关键因素。目前来看,陕西省部分试点区水权交易基础还较为薄弱。水权确权方面,根据榆林市榆阳区的实际情况及特点,如何利用好煤矿疏干水,优化行业间水资源配置是水权改革的重点问题。但目前煤矿疏干水还未完成确权,暂时不具备开展水权交易的条件。在计量监控方面,已经完成确权的取水户尚未全部安装计量监测设施,生活用水中只有集中供水系统计量设施安装率达到100%,农业用水中只有国有灌区完成计量,计量监控相对比较薄弱,直接影响交易水量计量和监管。

(三)水权交易市场不活跃

水权试点经过一系列的宣传、改革,明确了各取水户的权益,制定了水权确权办法和水权交易办法,除煤矿疏干水外的水源完成了确权,搭建了水权交易平台,但尚未开展水权交易。市场机制在优化水资源配置、促进节约用水等方面的作用发挥得还不充分。从买方市场来看,长期以来形成并固化的水资源行政配置方式,造成了一些有需求的企业仍然坚持"等、靠、要"观念,通过市场购买水权的意愿不强。从卖方市场来看,有结余用水指标的出让方普遍存在"惜售"心理,对水权交易的潜在风险存有疑虑,担心水权交易后失去原有的用水指标,满足不了未来用水需求,企业为了自身发展,加之水资源紧缺,即使有结余水量也不愿意用于回购或流转。同时对群众质疑存在较大压力,在面对交易时不积极、不主动,导致交易市场不够活跃。

(四)农业用水确权及水权交易难度大

农业用水户量大面广,产业结构调整自主性强,用水需求变化频繁,增加了确权及水权交易流转的工作量和难度。由于农业用水年际波动较大,在干旱年份农业用水总量不足,按照权属比例分配水量会给原有的灌溉秩序带来冲击,在水权确权及交易方面存在不稳定性。在水资源短缺地区,虽然已经把水资源使用权按亩均水权分配到农户,但在缺水情况下,有权无水,水权证成为农户和供水单位产生的主要矛盾,农户自主开展水权交易的积极性不高。

第二节　展　望

一、推进水权改革的总体考虑

习近平总书记于 2021 年 10 月 22 日,在深入推动黄河流域生态保护和高质量发展座谈会上指出:要全方位贯彻"四水四定"原则,要坚决落实以水定城、以水定地、以水定人、以水定产,走好水安全有效保障、水资源高效利用、水生态明显改善的集约节约发展之路。要精打细算用好水资源,要从严从细管好水资源。要创新水权、排污权等交易措施,用好财税杠杆,发挥价格机制作用,倒逼提升节水效果。政府和市场是水治理中不可或缺的"两只手",政府与市场相互联系又各具优势。"使市场在资源配置中起决定性作用和更好发挥政府作用"是习近平新时代中国特色社会主义思想的重要内容。政府在水治理中扮演制度提供者、行业管理者等角色,市场在水治理中扮演优化资源配置的角色。政府和市场普遍联系,两者既有重合也有互补。合力推进水权水市场,优化水资源配置,推动高质量发展,需要主动发挥市场在资源配置中的决定作用,更好地发挥政府作用,推动有效市场和有为政府更好结合。

(一)合力推进水权水市场,优化水资源配置,推动高质量发展

(1)政府科学确定初始水权,遏制不合理的用水需求。市场发挥作用需要以产权界定和一定的制度安排为前提,需要政府对取水许可、初始水权分配、水资源使用权界定及用途管制等提出相关制度安排,为市场之手发挥作用奠定重要基础。《中华人民共和国水法》明确:"水资源属于国家所有,水资源的所有权由国务院代表国家行使""国务院水行政主管部门负责全国取水许可制度和水资源有偿使用制度的组织实施"。政府需要在控制水资源开发利用总量、保障合理用水需求、科学分配初始水权、加强水资源用途管制等方面发挥重要作用,确保水资源开发利用可持续、合理用水需求有保障,为市场机制优化水资源配置提供基础条件和范围边界。

(2)推进水权交易,推动水资源跨区域配置。面对水资源约束,甘肃、内蒙古、宁夏、河南、山西积极开展水权交易:既有政府引导的水权交易试点,也有民间自发的水权转让;既有以水权交易所为平台的正式交易,也有简单易行的民间转让。水权交易在用好水资源存量、提升节水激励、解决水资源供需矛盾等方面发挥了重要作用。在水资源总量刚性约束和清晰确权的前提下,一方面要推动省(区)内水权流动,鼓励各省(区)在用水总量控制指标下推进市区间水权交易,引导水资源向更符合高质量发展的行业或方向流动。另一方面要推动流域层面水权交易,以中国水权交易所为平台,在不突破用水总量控制指标和黄河初始水权确权的基础上,鼓励各省(区)开展跨省(区)水权交易,优化流域层面水资源配置。

(3)探索开展水银行业务,推进水资源跨时间配置。据统计,近 10 年黄河流域年际用水量波动为平均每年 7.65 亿 m^3,个别年份年际用水量波动超过 15 亿 m^3。建议允许中国水权交易所或各地在一定范围内,探索开展水权收储等水银行业务,对各省(区)或大用水户节约的水权进行收储,在丰水年份回收用水户节约的水权,用于补充缺水年份水资源不足,对水资源进行跨年度配置。在小流域范围内,水权收储会受当地水资源条件和储水能力等因素限制,导致丰水年水权普遍剩余,缺水年即使有往年节约出来的水权,也无水可补。但在具备外调水的条件下,对节约的水权进行跨年际存储和调用将成为可能。

(二)合力完善水价形成机制,调节用水行为,推动集约用水

(1)加快完善农业水价形成机制,建立健全用水精准补贴和节水奖励机制。农业是用水大户,也是节水潜力所在。我国农业水价总体偏低,约占供水成本的1/3,价格杠杆对促进节水的作用未得到有效发挥。同时,农业用水又关系广大农民利益、事关国家粮食安全。加快完善农业水价形成机制,需要深入贯彻习近平总书记治水重要论述精神,既尊重市场规律,合理提高农业用水价格水平,又发挥政府作用,实施精准补贴和节水奖励,总体不增加农民负担。

(2)尊重市场规律,合理提高农业用水供水价格。合理制定农业供水价格,实现粮食作物用水价格达到补偿运行维护费用水平,一般经济作物、蔬菜用水价格达到补偿成本水平,设施农业、高效农业等其他农业用水价格达到补偿成本、合理盈利水平;以社会投资为主的工程农业供水价格达到补偿成本、合理盈利水平。

(3)发挥政府作用,实施用水精准补贴和节水奖励。通过优化现有财政资金渠道、利用超定额累进加价水费收入、地下水提价收入、高附加值作物或非农业供水利润等资金渠道建立农业节水奖补基金,实施精准补贴,重点对节约用水和种植粮食作物的农户、新型农业经营主体等用水主体的定额内用水给予补贴,实施节水奖励,对采取节水措施、调整生产模式促进农业节水的农民用水合作组织或用水户给予奖补。

(4)实施分类、分档水价,优化用水结构。区分不同水源,统筹考虑引黄水、南水北调水、当地地表水、地下水等多种水源,建立反映资源稀缺程度的水价形成机制,推动优化用水结构。区分用途实施分类水价制度,对生活、工业用水实行微利水价,对高附加值农作物用水实行全成本或微利水价,对粮食作物定额内用水进行精准补贴和节水奖励。对各类用水普遍实施超定额累进加价。

(三)合力扩大水利投融资,引导全社会参与,强化资金保障

(1)创新政府投资方式,多渠道筹措水利资金。政府既是水利投资的直接投入者,也是水利投融资的重要撬动者。一方面,要按照供给侧结构性改革补齐基础性设施短板的要求,聚焦黄河流域水沙调控等薄弱环节,加大公共财政水利投入力度,为黄河高质量发展提供基础保障。另一方面,通过投资补助、财政贴息、出台重大水利工程专项过桥贷款、抵押补充贷款(PSL)资金以及水利中长期贷款等信贷优惠政策等,发挥财政资金和政策的撬动作用,多渠道筹措水利资金。

(2)利用市场机制,吸引社会资本和社会主体参与。全国各地积极探索创新吸引社会资本参与水利工程建设运营的有效模式,目前,社会资本和信贷资金在农村水利总投资中的占比达到10%以上,一些特色高效经济作物种植区社会资本参与农田水利建设的占比甚至超过20%。吸引社会资本参与是弥补水利投资不足的重要途径之一。可以在黄河流域推广甘肃、河北吸引社会资本参与马铃薯、板栗等特色水土保持产业,山东吸引社会资本参与农业节水灌溉等相关经验。

(3)盘活水利资产存量,实现已建工程再融资。党中央、国务院明确鼓励探索发展大型水利设备设施的融资租赁业务,水利行业经过多年持续加大投资,积累了一定规模的水利资产,部分重大水利工程、水利设备设施等可以探索开展建后租赁融资,通过已建工程和存量资产为水利改革发展筹集更多资金。

"十四五"期间坚持把水资源作为最大的刚性约束,以水而定、量水而行,认真贯彻落实"节水优先、空间均衡、系统治理、两手发力"的治水思路,促进陕西省水资源的节约保护、优化配置和高效利用。坚持节水优先、统筹配置,政府主导、市场运作,权责一致、分类实施,积极稳妥、分步推进的原则,充分学习和借鉴试点区水权改革的实践经验,结合实际,在本省其他县(区)逐步开展水权改革工作。

一是明确初始水权,明确主要水源和用水大户的初始水权。特别是因农灌修建的水库,逐步向城市和工业供水的水权界定问题。二是建立各级水权收储中心,将通过国家投资和企业自主投资节约的水指标,或者新建、改建、扩建工程形成的新增用水能力进行政府收储,形成

"水银行存款额度"。三是实行取水许可政府审批水指标和市场挂牌交易水指标的规则,通过两手发力优化配置水资源。四是明确供水市场准入、挂牌拍卖、政府指导价、计量法定等有关配套政策。

二、对水权改革的意见和建议

水权水市场建设既需要试点地区的积极探索,也需要从宏观层面进行系统部署。特别是水权水市场建设中存在的一些共性问题,需要国家层面和省级层面加强顶层设计,统筹开展相关工作,各地因地制宜实施,逐步推进,为进一步推进水权改革建设,提出如下建议。

(一)加大基础设施投入力度,保障水权改革工作经费

水权改革涉及内容多、环节多,包括水权数量调查与核定、计量监控设施的配套完善、确权后的精细化管理等,都需要大量的资金支持。特别是开展计量设施建设方面,受经费制约影响,精确计量设施建设等还不能全面铺开,农业取水计量设施尚未得到全面保障,给确权工作带来了困难。建议进一步加大对水利基础设施的投入,加大计量设施改造力度,逐步建立各级水资源监控管理平台,全面提高水资源监管能力。

(二)出台煤矿疏干水管理政策

煤矿产业是陕西省经济发展的重要组成部分,近年来随着区域煤炭产业的快速发展,作为地下水资源重要组成部分的煤矿疏干水被大量抽出地面后,并没有得到很好的综合利用。综合利用煤矿疏干水是解决区域水资源不足的有效途径,是缓解区域水资源短缺的最现实、最紧迫、最有效的措施。建议出台相关的政策法规,将煤矿疏干水纳入水资源配置体系,从政策层面确立煤矿疏干水在水资源开发利用中的应有地位。在水权试点基础上,结合水权确权工作,适时开展煤矿疏干水水权交易,探索开展同一水源供水范围内不同企业间的水权交易。

(三)统筹建立水权收储机制

水权收储机制是解决水权交易双方水资源供需不匹配、降低交易成本的重要举措。目前,陕西省部分试点区虽然出台了相关的水权储存管理办法(试行),由所在地人民政府对当地闲置或结余的水资源使

用权或取用水指标进行收储，但由于缺乏上位法依据，相关制度的实施还存在着困难。建议国家适时出台水权收储方面的制度办法，指导各地根据水权交易需求，因地制宜建立水权收储机制，由水权交易平台开展水权收储收购、集中保管、重新配置后出售等业务，使平台能够对多个来源的水权进行优化重组，除基本的"一对一"交易外，还可以实现"一对多""多对一""多对多"等多种形式的交易。

（四）加大对农业水权确权工作的探索

农业用水户量大面广，产业结构调整自主性强，用水需求变化频繁，确权及水权交易流转的工作量和难度较大。由于农业用水年际波动较大，干旱年份供水不足，在水权确权及交易方面存在不稳定性，建议就农业水权确权工作做进一步的研究和探索。

附录　其他省份水权交易典型案例

一、安徽省水权交易典型案例

为推动建立水权制度,明确水权归属,培育水权交易市场,2019年,六安市金安区在安徽省率先开展水权确权登记试点工作。在完成确权登记的基础上,2020年12月,金安区毛坦厂镇人民政府与安徽明义旅游开发有限公司(简称明义公司)在中国水权交易所达成安徽省首单水权交易。

(一)交易背景

毛坦厂镇人民政府制定了"修建一个漂流场,拉活沿途一条线,带富一个乡(县)"的发展目标。通过招商引资,明义公司获得漂流项目建设开发权,规划漂流河段地处硃砂冲水库下游河段,漂流终点建有补水泵站工程,部分水经回水系统抽回上码头蓄水池,其余水经河道自净后入五显河。依据水资源论证报告书,每年漂流用水量为114万 m^3。

硃砂冲水库是以防洪、供水为主的小(1)型水库,总库容180万 m^3,兴利库容162万 m^3,距毛坦厂镇约4.0 km,目前承担少量农业灌溉供水任务,同时是毛坦厂镇生活用水的备用水源,毛坦厂镇现状生活用水量约100万 m^3。经水权确权登记,水库的水资源使用权由毛坦厂镇人民政府持有。为解决漂流项目用水,毛坦厂镇人民政府与明义公司商定实施水权交易。

(二)交易过程

毛坦厂镇人民政府与明义公司在对交易可行性、交易平台、交易要素、交易流程、受让方限制或暂停取水机制、交易价款支付等进行论证协商的基础上,制定了水权交易实施方案,于2020年10月13日报请六安市金安区水权登记试点改革领导小组批复。2020年10月16日,水权交易实施方案经领导小组批复后,毛坦厂镇人民政府与明义公司签订水权交易协议,将砵砂冲水库富余水量使用权出让给明义公司,交易水量为 90 万 m³/年,交易价格为 0.3 元/m³,交易期限为 5 年,每年交易金额按照年度实际取水量计算。2020 年 12 月 7 日,交易在中国水权交易所挂牌成交。

(三)主要成效

一是实现了安徽省取水权交易零突破。本次交易是安徽省首单取水权交易,树立了水资源使用从"无偿取得、有偿使用"向"有偿取得、有偿使用"转变的鲜明导向,是丰水地区备用水源富余水量有偿出让的有益探索。

二是探索了同类交易的风险防控机制。本次交易基于项目用水时段为金安区主汛期 6 月初至 9 月底的特点,充分论证保证交易水量为富余水量,并设置了特定旱限水位为触发限制或暂停受让方取水的条件,有效防范了潜在风险。

三是实现了交易相关多方共赢。本次交易既满足了企业用水需求,促进了当地旅游产业升级,也盘活了砵砂冲水库的闲置水源,交易收益有效缓解了水库运行维护资金压力,此外还增加了河道生态流量,产生了明显的经济效益、生态效益、社会效益。

二、河北省水权交易案例

(一)交易背景

2014 年 12 月,河北省出台了《河北省水权确权登记办法》,对可分配水量确定、初始水权分配、水权证发放以及水权流转等做出了具体规定。此后全省 53 个地下水超采综合治理试点县(市、区)按照《河北省水权确权登记办法》要求,完成了农业灌溉用水户水权分配和水权证发放工作。2016 年 3 月,河北省水利厅印发了《河北省农业水权交易办法》《河北省工业水权交易管理办法》,明确了水权交易原则、交易形式及交易流程等,为水权交易规范开展提供了依据和遵循。结合地下水超采区综合治理和农业水价综合改革,2017 年 3 月及 2019 年 6 月,河北省水利厅联合中国水权交易所在邯郸市成安县开展了两次政府回购,通过河北省省级水利专项资金,回购农业用水户节水水权额度。

(二)交易流程

1. 编制回购方案

成安县水利局组织编制政府回购工作方案,明确政府回购的组织形式、回购要素、工作流程,报成安县人民政府批复实施。

2. 核定回购水权额度

成安县水利局委托技术支撑单位对成安县2016年度及2018年度农业灌溉实际用水量进行核定,核定后将结余水权额度在试点村进行公示(2017年参与回购的村为行尹村、长巷营村、南甘罗村、王耳营村,2019年参与回购的村为王耳营村、东徐村、温村、行尹村),公示无异议后,以此作为政府回购水权额度。

3. 确定回购价格

依据《成安县"超用加价"农业水价改革实施方案》《成安县农业水价综合改革及奖补实施方案》《成安县农业用水户水权额度回购工作方案》,以及河北水利厅、财政厅、物价局印发的《农业水价综合改革及奖补办法》,成安县水利局、财政局、物价局联合制定了《关于制定政府回购水价的通知》,确定政府回购水价为0.2元/m³。

4. 发布回购公告

成安县水利局向中国水权交易所申请政府回购挂牌,发布试点村结余水权额度、回购价格,以及水权额度结转、交易相关政策信息。参与政府回购的用水户书面委托本村农民用水者协会,由协会代表统计并核实用水户结余水权额度后统一在中国水权交易所发布挂牌公告。

5. 实施回购

买卖双方发布挂牌公告期满后,由中国水权交易所按照时间优先原则确定最终回购水量,并向成安县水利局出具水权交易鉴证书,最后完成资金交割。

(三)交易效果评价

2017年成安县回购结余水权额度31.09万m³,回购金额6.2万元。2019年回购结余水权额度13.12万m³,回购金额2.6万元。成安县政府回购水权的实施,提高了农业用水户节水意识,推动了地下水超采区治理工作的有效开展,提升了基层水行政主管部门对通过市场机制参与水资源管理的认识程度,为河北省全面推广农业灌溉用水户水权交易积累有益经验,提供了示范借鉴。

三、河南省水权交易案例

(一)交易类型和方式

中国水权交易所是经国务院同意,由水利部和北京市政府联合发起设立的国家级水权交易平台。根据水利部印发的《水权交易管理暂行办法》(水政法〔2016〕156 号),水权交易包括区域水权交易、取水权交易、灌溉用水户水权交易三类。目前,交易方式主要包括协议转让、公开交易两种。2016 年 6 月 28 日,平顶山市水利局与新密市水务局代表在中国水权交易所开业活动上正式签署了水权交易协议书。该交易类型属于区域水权交易,交易方式属于协议转让。

(二)交易背景

新密市地跨淮河和黄河两个流域,全市没有外来水源,主要依靠开采地下水,人均水资源量仅有 180 m³。由于开采过量,地下水水位每年下降 5 m 左右。水资源短缺已成为制约新密市经济社会发展的主要瓶颈,2014 年城区 1/3 的居民曾遭遇过断水危机,使新密市看到了"引用外水"的紧迫性。平顶山市地处淮河流域,境内共有大中型水库 170 多座,虽然 2014 年也遭遇过旱灾,但南水北调中线工程通水后,给平顶山带来了 2.5 亿 m³ 的优质水源,加之平顶山市启动了四库联动等水资源调配工程,水资源保障能力大大提高。通过水资源优化配置、大力节水,还有部分水量可以转让,为水权交易奠定了基础。

(三)协商过程

新密市水资源的严重短缺和平顶山市水资源一定程度上的结余使两市产生了交易意向。在对两市进行调研之后,河南省水利厅及时协调新密市与平顶山市政府之间、水利部门之间就水权交易进行了协商,并在交易总量、交易时间、交易价格等方面达成了初步意向。2015 年 11 月 26 日,平顶山市政府与新密市政府在河南省水利厅签订《河南省平顶山市新密市水量交易意向书》(简称《意向书》),就两市间跨流域水量交易达成初步共识。根据《意向书》,水权交易期限为 20 年,平顶山每年转让不超过 2 200 万 m³ 的南水北调中线计划用水量给新密市,原则上每3年签订一次具体协议。

2016年3月,中国水权交易所筹建办调研组一行赴河南省就平顶山、新密水权交易进行了调研,与河南省水利厅、两市水利(务)局进行了深入座谈,建议利用中国水权交易所平台完成该单交易。同年5月,中国水权交易所组织双方进行了进一步协商,确定了交易价款、交易总量、交易服务费、交易保证金等事项,商定了在中国水权交易所开业活动上进行签约等具体事宜。

(四)协议内容

1.交易水量与交易期限

根据协议,首期交易期限起止时间为2016年7月1日至2018年10月31日,分为三期转让,交易水量共计2 400万 m^3 。其中,第一期自2016年7月1日至2016年10月31日,转让水量400万 m^3 ;第二期自2016年11月1日至2017年10月31日,转让水量1 000万 m^3 ;第三期自2017年11月1日至2018年10月31日,转让水量1 000万 m^3 。

2.交易价格

河南省印发的《关于南水北调水量交易价格的指导意见》(豫水政资〔2015〕31号)明确交易价格应以南水北调中线工程综合水价为参考,适当增加一定的交易收益。根据国家发改委印发的《国家发改委关于南水北调中线一期主体工程运行初期供水价格政策的通知》(发改价格〔2014〕2959号)和河南省发改委印发的《关于我省南水北调工程供水价格的通知》(豫发改价管〔2015〕438号),平顶山、新密水量交易价格为0.87元/ m^3 (见附表1),交易总价款为2 088万元。

附表1　河南省南水北调水量交易价格表

项目		价格/ (元/ m^3)	依据	付款方	收款方
综合 水价	基本水价	0.36	豫发改价管〔2015〕438号 黄河南段价格	新密市	南水北调 管理单位
	计量水价	0.38	豫发改价管〔2015〕438号 黄河南段价格	新密市	南水北调 管理单位
交易收益		0.13	发改价格〔2014〕2959 号水源工程综合水价	新密市	平顶山市
总价格		0.87			

3.引水工程

平顶山市通过南水北调干渠和配套工程将交易水量输送到郑州市尖岗水库,新密市通过修建引水入密工程,将交易的水量从尖岗水库输送到新密市城区。引水入密工程分为取水工程、输水工程、调蓄工程、水厂工程和供水工程,总投资约 3.9 亿元。其中,输水管道长约 24 km,设计引水规模每日 8 万 m^3,新建水厂规模为每日 5 万 m^3。工程已于 2016 年 7 月完成建设,为实现该宗水量交易提供了工程保障。

四、湖南省水权交易案例

长沙县桐仁桥灌区是全国第一个使用中国水权交易所水权交易 APP 开展回购水权交易试点的中型灌区。2019 年、2020 年回购灌溉用水户水权 706.15 万 m^3,为湖南省乃至南方丰水地区水权交易探索了可复制推广的经验。

(一)交易背景

2019 年 7 月,湖南省水利厅印发《关于做好水权交易试点工作的通知》,支持长沙县桐仁桥灌区开展政府回购水权试点工作。桐仁桥灌区位于长沙县北部,主要水源为桐仁桥水库。作为全国农业水价综合改革优秀试点,灌区建立了水权分配机制,实行总量控制,平均基础水权为 204.6 m^3/亩。灌区创新研发了智能远程自控系统,实现了远程控制阀门、自动计量等功能,为灌溉用水计量提供数据支撑。实践中探索形成了"定额供水、计量收费、阶梯计价、节约有奖、超用加价、水权可转让"的改革模式,建立健全了水权分配、水价形成、节水奖励、综合考核四项机制。

为进一步提升桐仁桥灌区开展政府回购水权交易的自动化水平,中国水权交易所主动对接,积极提供灌溉用水户水权交易 APP 并现场培训、远程讲解,结合灌区实际需求优化挂牌、应牌流程和交易匹配算法,方便管理单位和农民用水者协会通过手机终端实现水权交易的快捷安全操作。

(二)交易过程

桐仁桥水库管理所作为政府委托的回购方,在中国水权交易所申请回购挂牌,公开向桐仁桥灌区内 5 个镇 14 个村用水者协会回购上一年度农业灌溉结余水权额度,亩均结余水权额度 0~50 m^3 的部分按 0.06 元/m^3 回购,亩均结余水权额度超出 50 m^3 的部分按 0.10 元/m^3 回购。桐仁桥灌区各用水者协会代表通过 APP 在交易平台上申请回购应牌。交易完成后,中国水权交易所公开发布成交公告并颁发交易鉴证书。桐仁桥水库管理所以交易鉴证书作为依据,向各用水者协会支付回购资金 62.19 万元。

(三)主要成效

一是提升了回购水权交易的效率。灌区管理单位代表使用水权交易 APP 进行挂牌回购水权,农民用水户协会代表进行应牌出让结余水权,操作流程规范、高效。

二是促进了农业水价综合改革的实施。桐仁桥灌区水权交易试点的顺利实施,不仅促进了长沙县农业水价综合改革任务的落地,也为其他地区通过水权交易推进农业水价综合改革提供了借鉴。

三是实现了水权交易多方共赢。通过市场机制兑现用水协会节水收益,激发了镇村农户节水动力,盘活了灌区水资源存量,缓解了水资源供需矛盾,提高了水资源利用效益,构建了水权水市场发展长效机制,实现了政府、供水单位和农户的"多赢"。

五、江苏省水权交易案例

2020 年 12 月 9 日,在中国水权交易所全力支持下,全国首例地下水取水权交易在江苏省宿迁市洋河新区顺利成交,填补了我国地下水取水权交易的空白,为我国同类交易提供了有益借鉴。

(一)交易背景

2020 年 3 月,江苏省委、省政府印发《关于建立更加有效的区域协调发展新机制的实施意见》,要求建立健全用水权分配与交易制度,积极推动利用国家平台开展水权交易,研究加强水权交易活动监管的措施,探索推动地下水资源取水权有偿转让和交易。江苏省水利厅为做好贯彻落实工作,进一步压采地下水,优化行业内水资源配置,联合中国水权交易所选取宿迁市洋河新区作为首家地下水取水权交易改革试点。

洋河新区属于江苏省地下水超采区,使用地下水的酒生产是支柱产业,洋河酒厂是新区最大的酒企。近年来,洋河酒厂深入挖潜节水项目,共投入约 137.6 万元用于制酒工艺节水改造,年节水量约 38.6 万 m^3,在预留企业发展用水指标后,可交易水量约为 20 万 m^3/年。区域内部分中小型酒企由于取水许可证书到期未延续等各种原因处于无证取水状态,由于禁止新建取水井,必须通过水权交易解决生产用水需求。经洋河新区管委会审核确定,具备参与水权交易资格的酒企为 43 家。

宿迁市水利局委托中国水权交易所制定了《宿迁市关于加快推进地下水水权交易改革试点工作实施方案》,明确了交易标的、交易价格、交易形式、交易影响、资金结算等,经宿迁市政府第五届人大常委会第六十六次常务会议审议通过后印发,正式启动了试点工作。

(二) 交易过程

为规范水权交易,洋河新区成立水务公司,对洋河酒厂节约取水指标进行收储,再根据各酒企需求进行水权转让。鉴于交易主体各方意向明确,为提升交易效率、管控交易风险,交易按照协议转让的方式进行。一是收储阶段,水务公司作为受让方,收购洋河酒厂 20 万 m^3/年的节水指标。基于优先保障地下水生态涵养的原则,经各方商议,留存约 30% 以上的地下水指标不再转让,压减每年地下水开采规模 7.24 万 m^3。二是转让阶段,水务公司作为出让方,向经审核后的 43 家中小型酒企转让 12.76 万 m^3/年的取水指标。本次交易共计 44 宗,交易总水量 32.76 万 m^3,交易价格 2.66 元/m^3,交易期限 1 年。中国水权交易所对交易全过程进行评估并出具交易鉴证书。

(三) 主要成效

一是实现了全国地下水取水权交易零突破。此次交易是全国地下水取水权交易"第一单",是落实中央决策部署以及省委、省政府工作要求的重要举措,是运用市场机制助力区域地下水压采的创新途径,是促进节水、破解区域内企业用水难题的必然选择。

二是凸显了地区稀缺地下水资源的经济价值。本次交易探索实践了企业间取水权交易的工作机制,规范了交易流程,使地下水超采地区水资源的稀缺性在经济价值上得到了充分体现,有利于激发用水户主动节水、积极交易的内生动力,对于盘活存量水资源、破解水资源瓶颈制约发挥了市场机制作用。

三是统筹生态保护与经济社会高质量发展。本次交易优先考虑地下水压采回补,通过预留生态用水"还水于地下",为实现宿迁市生态保护和高质量发展目标探索了新路,在江苏省水权改革中具有里程碑意义,为全省水权交易奠定了工作实践基础。

六、永定河上游跨区域水量交易案例

(一)交易类型和方式

中国水权交易所是经国务院同意,由水利部和北京市政府联合发起设立的国家级水权交易平台。根据水利部印发的《水权交易管理暂行办法》(水政法〔2016〕156号),水权交易包括区域水权交易、取水权交易、灌溉用水户水权交易三类。目前,交易方式主要包括协议转让、公开交易两种。2016年6月28日,河北友谊水库和响水堡水库、山西册田水库、北京官厅水库代表在中国水权交易所开业活动上正式签署了水权交易协议书。该单交易类型属于区域水权交易,交易方式属于协议转让。

(二)交易具体内容

永定河上游区域间水量交易是基于永定河上游集中输水,交易转让方包括河北省的张家口市友谊水库管理处、张家口市响水堡水库管理处和山西省的大同市册田水库管理局,受让方为北京市官厅水库管理处。

1. 永定河上游集中输水概述

1)输水背景

为保障首都供水安全和周边地区社会经济共同可持续发展,2001年5月,国务院以国函〔2001〕53号文对《21世纪初期(2001~2005年)首都水资源可持续利用规划》(简称《首水规》)予以批复,《首水规》对官厅水库、密云水库上游的来水量进行了明确规定,成立了以水利部为组长单位,国家计委、财政部、北京市人民政府为副组长单位,建设部、国家环保总局、国家林业局、河北省和山西省人民政府参加的"21 世纪初期首都水资源可持续利用协调小组"(简称协调小组),办公室设在水利部。为进一步规范永定河干流用水秩序,合理配置流域水资源,加强水资源管理,水利部编制了《永定河干流水量分配方案》,于 2007 年获得国务院批复(国函〔2007〕135 号)。

自 2003 年集中输水以来,在协调小组的有力推动下,在海河水利委员会的组织协调和相关省(市)的积极配合下,经过多年探索,集中输水工作有序开展,有效保障了首都供水安全。

2)工作程序

2003 年起,每年汛前由协调小组组织召开工作会,总结上一年度工作成果,部署本年度规划实施重点工作和集中输水工作。海河水利委员会委托具有资质的第三方根据永定河上游水资源条件,在了解相关省(市)水资源供需基础上,编制永定河上游年度水量调度方案和实施方案,经与各省(市)协商一致后,由海河水利委员会报协调小组审批。实施方案批复后,海河水利委员会下达调度指令,山西省水利厅、河北省水利厅接到调度指令后,将调度指令下达至市、县两级水行政主管部门及各水库管理单位。输水完成后,海河水利委员会向协调小组办公室报送年度输水总结。

随着集中输水工作机制的建立,工作流程基本固定,近几年已不再召开协调小组工作会。2015 年,由水利部代表协调小组布置年度集中输水工作,审批年度水量调度方案和实施方案,并印发海河水利委员会和两省一市(河北省、山西省、北京市)。输水结束后,海河水利委员会向水利部报送集中输水工作的报告,总结本年度集中输水工作。

2. 从集中输水到水量交易

为贯彻落实党中央、国务院关于水权水市场建设的决策部署,发挥市场机制在水资源配置中的重要作用,从 2016 年起,通过跨区域水权交易的方式实施永定河上游集中输水。2016 年 3 月,中国水权交易所筹建办调研组一行赴河北省、山西省、北京市就永定河上游区域间水权交易进行了调研,并与相关水利部门进行了座谈。同年 5 月,中国水权交易所又组织由水利部相关司局、交易各方代表参加的协调会,商定了交易价款、交易总量、交易服务费、交易保证金等具体签约事项。

3. 协议内容

2016 年 6 月 28 日,永定河上游区域间水量交易在中国水权交易所开业活动上正式签约。

1)交易水量与交易期限

首次永定河上游水量交易期限为 1 年(2016 年度)。首次交易水量按照 2015 年度山西、河北两省集中输水量确定,即 5 741 万 m³。

2)交易价格

首年交易的交易价格仍按集中输水的管理费用综合测算,定为 0.294 元/m³,5 741 万 m³ 交易水量总价款共计 1 687.854 万元。

参 考 文 献

［1］李晶,王晓娟,钟玉秀,等.中国水权[M].北京:知识产权出版社,2018.

［2］陈金木,王俊杰,吴强,等.水权交易制度建设[M].北京:中国水利水电出版社,2020.

［3］屈忠义,黄永江,刘晓民,等.节水技术与交易潜力[M].北京:中国水利水电出版社,2020.

［4］刘钢,高磊,蒋义行,等.水权交易实践与研究[M].北京:中国水利水电出版社,2020.

［5］吕森.我国水权交易法律制度研究[D].哈尔滨:东北农业大学,2019.

［6］梁忠.新中国成立70年来中国水权制度建设的回顾与展望[J].中国矿业大学学报(社会科学版),2019,21(5):68-81.

［7］刘晓旭.基于新时期治水思路的内蒙古水权改革实践[J].内蒙古水利,2021(8):64-66.

［8］金海,伊璇,朱绛,等.从水权交易国际经验看我国水权市场未来发展[J].中国水利,2021(14):59-62,58.

［9］刘悦忆,郑航,赵建世,等.中国水权交易研究进展综述[J].水利水电技术(中英文),2021,52(8):76-90.

［10］赖倩,王凌河.贵州省水权改革试点实践与思考[J].水利发展研究,2021,21(6):52-56.

［11］綦浩.辽宁省建立水权交易平台的可行性分析[J].黑龙江水利科技,2021,49(5):251-253.

［12］高士军,李铁男,董鹤.黑龙江省水权市场化交易对策措施研究[J].水利科学与寒区工程,2021,4(3):180-182.

［13］陈兴华.论中国水权交易培育性监管制度的构建[J].北方工业大学学报,2021,33(2):44-51,67.

［14］侯保灯,刘世庆,肖伟华,等.关于我国水权制度建设的思考和建议[J].中国水利,2021(5):7-10.

［15］石玉波,王寅,邓延利.培育黄河流域水权交易市场 助力生态保护和高质量发展[J].水利发展研究,2021,21(2):12-14.

［16］王梦云.新疆水权改革实践与探索［J］.吉林水利,2020(10):55-58.

［17］赵清,苏小飞,刘晓旭,等.内蒙古黄河干流跨盟市水权试点研究［J］.水利经济,2020,38(5):68-71,78.

［18］龙生平.宁夏用水权改革突出问题及对策［J］.中国水利,2021(22):66-68.

［19］王君勤,欧承建,王小允.四川省水权改革的建议［J］.四川水利,2021,42(5):1-4.

［20］陈金木,王俊杰.我国水权改革进展、成效及展望［J］.水利发展研究,2020,20(10):70-74.

［21］徐建新.农业水权水价综合改革的实践与思考［J］.农业科技与信息,2020(14):66-68.

［22］麦山.积极探索水权制度改革 破解宁夏经济社会发展缺水瓶颈［J］.中国水利,2019(17):57-58.

［23］谢永刚.近年来国家层面的水权制度理论创新及实践探索中存在问题［J］.水利科学与寒区工程,2018,1(12):92-97.

［24］王合创,王玉福,王勇.甘肃省疏勒河流域水权试点改革的实践与思考［J］.水利规划与设计,2019(2):14-16,23.

［25］黄本胜,洪昌红,邱静,等.广东省水权制度研究与实践［J］.广东水利水电,2018(11):11-15.

［26］吕晓雯.县域水权改革研究［D］.太原:山西大学,2017.

［27］曾玉辉.论我国水权登记制度的构建［D］.武汉:华中科技大学,2017.

［28］陈琼.水权转让制度研究［D］.南京:南京工业大学,2019.

［29］王学新.宁津县水权水市场建设及评价研究［D］.济南:济南大学,2020.

［30］陈建宏,李润杰,郭凯先,等.青海省水权试点工作的探索与启示［J］.南方农业,2022,16(4):162-164.

［31］高磊,李楠,刘永刚,等.白水县水权试点探索及实践［J］.地下水,2022,44(1):137-138.

［32］王克稳.论建立水权登记制度［J］.华北水利水电大学学报(社会科学版),2021,37(5):14-20.

［33］李兴拼,陈金木,陈易偲,等.广东省水权交易制度体系浅析［J］.水利发展研究,2021,21(12):60-63.

［34］刘啸,戴向前,马俊.对海南省探索开展水权试点的思考［J］.水利发展研究,2021,21(2):40-43.

［35］王水平,刘世庆,巨栋,等.深剖新时代长江上游水权制度建设［J］.四川省

情,2020(11):62-63.

[36] 沈大军,阿丽古娜,陈琛. 黄河流域水权制度的问题、挑战和对策[J]. 资源科学,2020,42(1):46-56.